書店本事：

在你心中的那些書店

楊富閔——著

書店本事：

在你心中的那些書店

推薦序／向光而行的旅程

夢田文創執行長——蘇麗媚

黑暗裡，總能看見光。

藉此序，對《書店裡的影像詩》曾經拍攝過的八十家獨立書店，八十位獨立書店主人，致上我心裡最誠摯的感謝。因爲這八十份「溫暖的信任」，台灣獨立書店被看見，開始發出微微的光。

夢田文創是一個創作產業的「實驗室」，採集台灣土地上的文化符號，透過研發、轉譯到應用，經由創作傳遞出去。五年來，從開拍文學電視劇，夥伴們行路全台，透過影像、文字轉譯「獨立書店」，拍攝四十間書店，走讀四十種人生，完成第一季《書店裡的影像詩》。

時代流動，書店在每一個時間的腳步留下印記，二〇一五年十月，團隊開始第二季《書店裡的影像詩》計畫累積三二五四・九公里，我們得走三次，從四十家書店踏查，到第二階段四十家書店的溝通，最後才是正式拍攝，距離擴增台、澎、金、馬，一步一腳印發現更多珍貴的社區文化與思想萌芽基地。

這是一段幸運又充滿驚喜的旅程。幸運發現這座小小的島嶼遍佈著超出想像數量的獨立書店，在每個角落實踐著理想，從不張揚。驚喜在這個新媒體當家，資訊破碎化的時代，堅守思想信仰、翻轉社區的力量。一家書店，一位主人，讓時間與空間都有了與眾不同的靈魂樣貌。這一路上不熱鬧，寂寞有時，孤單有時，但，唯一不曾缺少的是感受到的幸福感，很眞實，具體，存在。

記得，一位好友曾經說了這麼一句話，令我印象深刻：「May 總是喜歡說，做小事，去影響做大事的人。但 May 你也是要做大事的人。」其實，在我心裡這件小事恰是我價值觀中的大事，為我們的下一代找到，又或者說創造一點點希望的光，這對我來說就[illegible]巨大、無比非凡的事。

[illegible]的，影，像詩。書店主人是紀錄片的靈魂，導演依[illegible]然給了如詩般的影像，誠實地傳達書店風景，那種誠實留了白，不讓人被制約，沒有侵犯性，為觀者留下一些自由，甚至不易察覺的觸動。

第二季除了影像本身，我們試著從文學去探索書店、表述情感的流動，記錄一個時代的軌跡。在尋找《書店本事：在你心中的那些書店》作者時，從三十位作家中選擇富閔，仔細閱讀完他的創作，像是《花甲男孩》、《解嚴後臺灣囝仔心靈小史》系列、《休書：我的臺南戶外寫作生活》，他的本色很眞實、不修飾、不隱藏，正是我們想尋找的獨立書店本質。

短短四個月，富閔獨自走訪四十家書店，猶如「四十堂書店文學課」，實地踏查每家書店的歷史軌跡，甚至是老闆的人生故事。例如，在拜訪金門長春書店前，富閔送給陳長慶老師的一份禮物：複印了五十年前刊登在《正氣中華》第一篇文章〈另外一個頭〉，讓陳老師與當年的青春相遇。

又或是，富閔將同利舊書坊喚作「發光的街」，文末提到一個關於光的問題——「我們能看見東西，是反射光會進入我們的眼睛？」答案是正確的，道理如同夜裡你仍能指認出同利舊書坊的方向，那是因為你走進了一條發光的街。——正如我也看見楊富閔的文字發著光。

當一件小事在你心中成為大事的時候，就知道去哪裡找光，並且向光而行。

回望這五年，謝謝一路同行的楊照老師、侯季然導演、夢田文創夥伴們，鋪建這段路程中不可或缺的每一部分。謝謝正開始和我們一起前行的童子賢先生、鐵志、富閔、結果娛樂、SOSreader 夥伴，成爲團隊裡一股強大而溫暖的力量。在這裡，邀請讀者們一起走進這趟書店旅程，尋找在你心中的那些書店，感受最眞實的美好日常。序末，再次感謝八十位書店主人，堅守巷弄街角的這盞書燈，無私地給予、分享，我們才得以在光裡完整《書店本事》、《書店裡的影像詩》，堅信台灣的美好。

推薦序／小鎮書店邂逅記：讓閱讀成爲全民共「嗜」

臺灣獨立書店文化協會理事長——陳隆昊

初中二年級時，祖父把我轉學到隔壁鄉鎮的初中，寄宿在當地親戚家裡。在那個年代，鄉下小孩要想考上好的高中並不容易，而那個初中的升學率遠比我家鄉的初中要好，我就順理成章的被轉學了。但一個孩兒乍到新地，一切生疏，也還來不及交上一個新朋友。就在一個百般無聊的週日下午，我信步走在這個陌生城鎮的街道上，炙熱的陽光灑在頭頂，有些無奈，但也夾雜著些許一探究竟的好奇，走著走著突然撞見一個書局，一個典型的鄉下書局，店內除一排書架外，傍著一個兼作櫃台，裡頭放滿鋼筆、文具、體育用品的玻璃櫃。

不知是股什麼力量，我推開厚重的玻璃木門，移步至那排咖啡色的書架前，極目所及，那些書對一個初二的中學生來說是難了些。隨著我目光飄向中間書架的最上層，出現一本算是厚重的精裝書——《第二次世界大戰秘史》。本來這個書名就足夠吸引一個男生，更何況在當時是一個不知如何的小男孩。我奮力的擠出錢包內的生活費，把它買了下來。

這個決定改變了我一生，拎著厚厚的書回到親戚家裡，我迫不急待的翻閱起來：「巴丹島戰役」、「德國隆美爾將軍與英國亞歷山大將軍在北非的鬪智」、「諾曼第登陸」、……，我雖然讀得慢而且不完全懂，但一幕幕的戰爭故事強烈的扣住我心弦。那一刻我突然懂了，沒有朋友、沒有玩伴，也無妨！在陌生的異地，書中的故事取代了沒有朋友的孤寂。有「書」這樣不離不棄又唾手可得的好夥伴，人生何求！

我愛上閱讀，這個習慣伴我至今。重提這個五十幾年前的小事，無非是想點出：閱讀如何適時地填補一個孩童空虛的心靈，更重要的是在鄉下存在著一間書局，哪怕是一間小小的書局，對小朋友是多麼的具有意義。

看了年紀整整比我小上三輪的楊富閔先生的《書店本事：在你心中的那些書店》的書稿，不但讓我憶起那段慘綠少年時期的閱讀情緣，書中四十家書店的尋訪，也讓我更堅定的意識到書店在人類不同的時空背景下扮演的重大貢獻。

隨著侯季然導演第二季《書店裡的影像詩》的拍攝，紀錄到全台四十家書店的影像故事，楊富閔的這本書則用文字補充了影像所不能完全表達的書店故事。我們深切的期待這一季書店的影像故事及這本新書的出版，能夠再一次譜出台灣最美麗的閱讀風景。

推薦序／一只受傷的膝蓋與其聯想

出版人——陳夏民

隨著知識取得的途徑增加，閱讀書本也慢慢地成爲萬千娛樂當中的一種，書店從當初那一個當我們對於知識有所渴求，必然走入的場所，慢慢轉變成爲一個反應店主對「閱讀」態度、讓讀者得以窺看、享受氣氛的空間。也因爲這年頭，書不好賣了，書店的理想性在大眾眼中越來越高，總是不忘在拜訪書店結帳之際，補上一句：「現在賣書很辛苦吧？」

對於書店辛苦的想像，來自於不易賺錢。但說上辛苦，各行各業其實都不輕鬆，但若我們不談錢，直接告訴你，開書店會開到膝蓋壞掉，你對於這職業，是否會有其他想像？

某日，去文化部參加會議，會後遇見唐山書店的陳隆昊老闆，他旁邊圍了一群出版人與公務員，大家熱切地討論起膝蓋的治療、保養之法。原來，唐山書店位於地下室，因此陳老闆長年搬著一箱箱書上下樓梯，每一本書的重量都扎實地壓在兩條腿上，讓膝蓋軟骨的摩擦加劇，害他現在走路不方便——唉呀，知識的重量除了鍛鍊人的意志，同時也會讓你的膝蓋受傷。

一只受傷的膝蓋，或許正提醒著我們，經營書店其實是體力活，除了讓投入其中的人流汗、流淚，也會讓他們受傷。當我們面對一名書店老闆的職業傷害，或許更能理解，這一個外界認定浪漫高過現實的行業，有其腳踏實地、有血有肉的一面。

自從與朋友合夥開了一間書店之後，我才知道，原來書店運作不是只圍繞在書上，還有更多時候，必須面對書店身爲一個營業空間所必須付出的代價。光是要讓一個只有四道牆壁的地方變成有書架有書、得以稍事休息、讓人有心情翻閱書本的空間，就要付出多少成本。更不用談，每一次開店之前，除了要點書、訂書之外，更要拿起掃把仔細清理環境，也得拿起雞毛撢子，細心拭去書本縫隙間的灰塵。

當然，千萬不能忘記加在膝蓋上的，每一本書的重量。

透過這些書本的重量、灰塵的清掃、家具的安排，才能理出一間書店的輪廓。熱愛書本並決定以其維生的人們，便在上述的日常磨難中，生出了一間間氣味不同的書店，而書店裡的任一物件，都發散著其主事者對於閱讀的態度——這也是除了書本之外，最值得在書店裡花工夫閱讀的物事。

近日，導演侯季然重啓《書店裡的影像詩》第二季的拍攝計畫，這系列影像作品，或許便是「閱讀」全台各地書店的最佳指南。侯導鎖定了全台四十家獨立書店，先是與店主反覆討論，之後才帶著攝影團隊來到現場，紀錄各家書店的日常痕跡。在影片中，你會看見書店老闆收書、擦窗戶，也會看見有人吐露著對生活的焦慮，你將發現這群愛書人與我們過著無異的生活，想打直腰桿、維持尊嚴，然後努力地求生。

而隨著《書店裡的影像詩》第二季拍攝告一段落，作家楊富閔隨著侯導的腳步，背著背包以各式交通工具前往這四十家書店，寫成了《書店本事：在你心中的那些書店》。除了紀錄書店故事，同時也透過實地造訪，重新思索自己的閱讀記憶，文字質地誠懇動人，讓人讀了之後，也反覆在腦海中追尋自己與書本之間，曾經有過的故事。

閱讀，不就是一個人與一本書之間的愛情嗎？

大多數人都知道閱讀沒有壞處，也都想讀，無奈總有許多事情橫亙在你與書本之間。沒關係的，書本沒有腳，永遠在書店等著與你相逢。只不過，書店很可能在書本等到你之前，消失不見。

在香港，格子盒作室出版社曾經出版《書店日常：香港獨立書店在地行旅》一書，介紹瀕臨絕種的香港獨立書店的故事。殊不知，書出版沒多久，就其中介紹一家位於西貢的「悠閒書坊」便結束營業，也有書店遷移位址或即將歇業。是啊，大環境的確不好，書店也慢慢式微，不過，與其看著一家店消失而悲嘆，不如趁著那間店還營業時，好好前往拜訪、閱讀一番。

如果時間允許，就拋下一切，義無反顧地走進書店，與一本書相逢吧。你與書之間的愛情，自己懂得就好，但踏出店門口前，別忘在心中祝福店主的膝蓋安好，而書店常存。

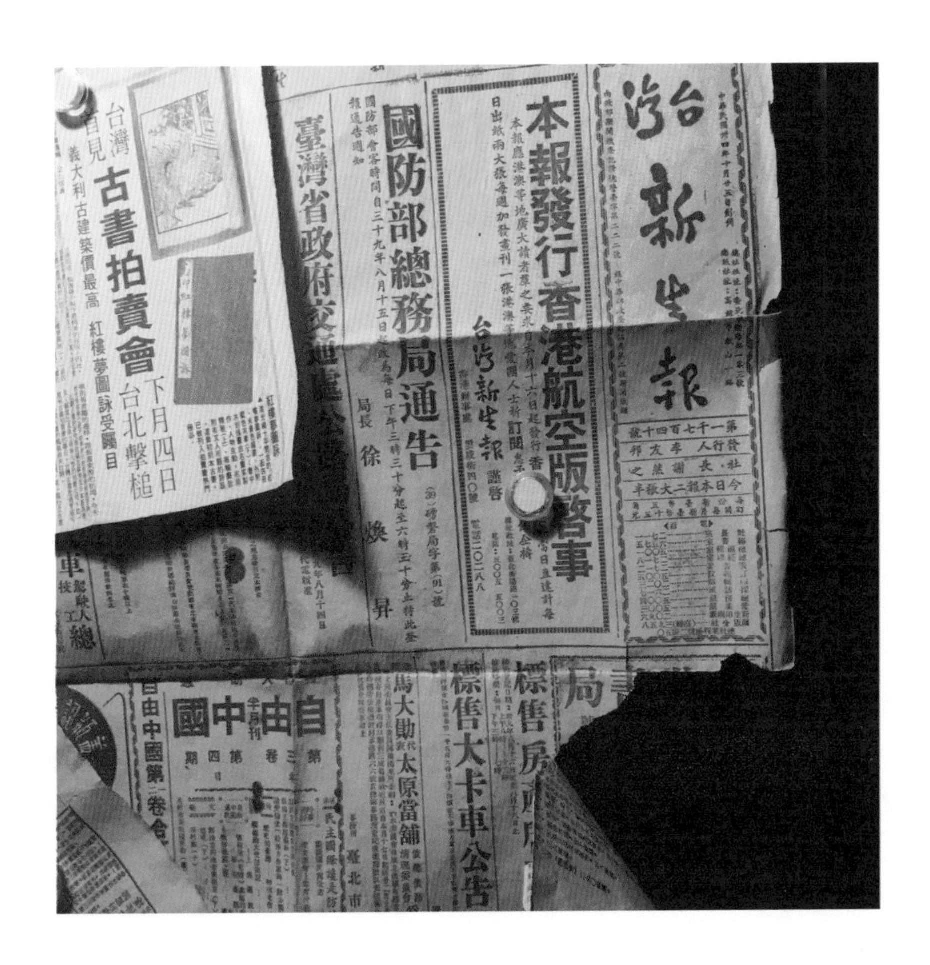
台灣首見
古書拍賣會
義大利古建築價最高
紅樓夢圖詠受矚目
下月四日
台北擊槌
國防部總務局通告
局長 徐煥昇
本報發行香港航空版啟事
台灣新生報
自由中國
半月刊
第三卷第四期
標售大卡車公告

作者序／書店穿越考

楊富閔

這些年有機會到各級學校講座，通常一陣笑鬧的開場過後，我總會問在場朋友：你的第一間書店在哪裡？你的第一層書架的長與寬？你的第一本藏書是什麼？每次拋出這些問句同時我也陷入長思，結果都不太一樣，顯然答案是流動的。我相信背後牽連的問題實在龐大，自己也才剛開始思索，如同兒時自製的橡皮筋跳繩，一環套過一環，過程卻是相互圈連。我像在原地跳躍，其實是不停地穿越；我跳成一本翻頁中的書，且是一本電子書，背景已是那些在與不在的書店。

我的第一間書店是不是住家附近的報紙攤？書店無名，我都喊他「賣報紙せ」，其實它也賣文具國旗包裝紙，賣國小國中生的教材用品，就是不賣書，這樣說不準確，它的門口有兩台漫畫車，也有鑽研六合彩的自印刊物，總是聚集許多人。「賣報紙せ」的老闆也是送報員，所以五點多就得開門，印象中我最早走進書店的時間是五點多，而它通常營業到晚間九點，跟居民生活作息同步，因爲剛剛看完八點檔。多少個獨自看家的小學午後，我一個人在透天厝悶得發慌，不停在街上遊晃，我常來「賣報紙せ」買一張一元的圖畫紙，在客廳畫到母親下班的四點，畫的都是丘陵與果樹與農舍，正是我野生野長的地方，沒人在畫中走動。

這個答案隨著幾年下來，不同朋友的回饋答覆，以及到訪更多書店而持續修正著。第一間書店會不會是大內國小百年榕樹下，總是突然到訪又突然失蹤的流浪書車？有個手寫的看板叫書展，第三節下課二十分鐘，全校半數學生蜂擁而至，像知識貧乏的孩童繞著攤位嗡嗡嗡。全校才十二班，這是所偏鄉迷你學校，而我被委託拿著書單至各班傳閱，並偷偷買了注音版的《日本鬼故事》，回家看得嚇得不敢去洗澡，不知是感到害羞或察覺禁忌，沒有跟人分享；也可能是年節採買的家樂福的閱讀區？我在量販店看過許多食譜書與勵志書；也可能是等待母親電頭毛的美容院、小兒科的候診區，我在那讀過許多《獨家報導》、《時報周刊》、漫畫二十四孝、圖解佛經……

這些最初與書、書架、書店接觸的場景，形成介面，長成影像，生成平台，而你伸出手指輕觸登入，下一秒就要重返現場；這些小鎮書局或連鎖書店，成爲我們求學期間不斷穿越的所在。我們是不是就要拿著同一支細字鋼珠筆來指認彼此？我們是不是曾在聖誕花車前挑過同一張萬用卡片？在我而言是善化的尚上文摘、藝美書局，麻豆的麻一書局、三新文具行。而你呢？

我想起九〇年代某個暑假，祖孫三人固定一箱龍眼一箱芒果，要到高雄大社工業區去看姑姑，這也是暑假少數我能從山村外出的行程，那年我們不搭火車到楠梓，改委託車行來回接送，過程特別輕鬆歡喜，而我竟天真在心中幻想旅途其中一站是要帶我去買紙與筆。我是不是漸漸意識到閱讀寫作使我快樂了，而它顯示在我對於文具書籍的熱切渴望；我不斷幻想即將發生的畫面，應該是高雄市的哪家大書店？它是不是有賣我夢想擁有的機器人鉛筆盒？然我沒有告訴同車的阿公阿嬤，他們當然不會明白，直至我意識到回程的轎車開上高速公路，經過現已消失的新市收費站，就要回到大內了，我竟無端放聲大哭起來。這時司機阿伯不斷問想去哪裡？我卻講不出話。

回想近些年的寫作，正是這個問題的延伸，你想去哪裡？你的書寫又將走到哪裡去？我始終懷抱踏查台灣知識空間分布的願望，預計中的目標包含圖書館、教會、廟宇、學校、唱片行、書店……總讓我想起小學地理課本關於茶葉、樟腦與蔗糖的物產點狀圖，那是瘀青還是胎記？今年非常榮幸接受夢田文創的邀請，投身參與《書店裡的影像詩》第二季的書籍製作。《書店裡的影像詩》的第一季讓人印象深刻，看著總忍不住興起回鄉開書店的念頭，而它也不斷刺激著我的三個提問：第一間書店在哪裡、第一層書架的長寬、第一本藏書又是什麼。

我從小幻想自己房間有個書架，且是黏在牆壁的木書架，最好親自手製，這樣才有苦讀的感覺，以前看小丸子小叮噹我總會注意它們的書房擺設，好奇上面立的到底是什麼書？日本小孩都看些什麼呢？基隆「自立書局」六十多年前書店開業，店裡書架即是高齡百歲的陳老師親手鋸的；南投「山里好巷」的書架擺設與埔里環山的地形遙相呼應……。我的第一層書架應該來自小舅舅，不只一層，而是七八層。我來到他的書房時他已出外工作十餘年，那個靜止的空間像是留給外甥的圖書室，我在其中遇到許多八九〇年代的文青必讀，後來我在台灣研究的論文功課，許多書籍都直接從上取閱。我們其實不相熟也不常碰面，這些書籍遂成爲連接兩人的語言。他離開世界很多年了，偶爾回到他的書房像是走進私人書屋，我正延續這些書的生命一如延續他的生命，這又是怎樣的緣分呢？

而關於藏書。我從小最害怕的暑假作業其一是旅遊心得，其二是讀書心得，這兩項基本上在山村互爲彼此。有年學校爲了推廣閱讀，作業簿是一整本的讀書札記，簡直是我的噩夢。家中藏書並不豐富，連通俗讀物都極少，只有零星的善書、賽鴿指南、農民曆、電話簿……爲了完成那份作業，所有家長都被小孩盧瘋，我也要瘋了。記得當時我擁有兩本書，是自己挑的，一本叫做《玫瑰之夜鬼話連篇》，一本叫做《怎樣保護自己》。前者是台視靈異節目的故事結集，我記得前面還有靈異照片的分析解說，看得我也把家裡照片拿來檢查一遍；後者正逢台灣治安風氣不良，時有綁票孩童新聞，這本書我帶去學校造成瘋傳，大家都問哪裡買的。印象中讀書札記的書單就有這兩本。我擁有的書籍少，字典也是演講比賽獲贈的，這讓我想起幼稚園畢業前夕，老師要大家說出夢想的禮物，我當時就意識到說書會很彆扭，我還是勇敢地說了！

全書寫作以全台灣四十家書店為探索對象，一方面試圖梳理自身的知識養成；一方面也嘗試與書店空間進行對話。書店作爲台灣教育的基樁節點，我們在其中穿越也被穿越，沿途所見皆是形形色色的事物人。我們曾從書店帶走，又留下什麼呢？那不僅是一本書、一支筆、一頁紙，而是無形中延續、呼吸了書店的歷史與精神，其中便有不同世代的台灣人，對於文化傳承的各種美意。

書店歷經連鎖書店、網路書店、特色書店的各式變化，猜想我們與「文」：文字符號、文學藝術、地理空間的互動關係刻正也面臨劇烈的轉型。台灣書店的複雜樣貌，意味思想呈現的盛景繁花；台灣書店的消失誕生給予我的啓示，是責任的也是使命的。這些年我一直思考文學在當今此際該何去何從？獨立書店的遍地開花，我以爲隱隱然在替當代台醞釀一股潛在能量，而它正朝向一場文學運動的規模邁進，其意義在於尋找一種全新的表述方式、思維結構與審美典範。獨立書店的存在一則賡續傳統，一則是顚覆創新，這件事本身即與文學寫作多麼相像——我們需要新語言、新形式與新想像。

非常誠摯感謝每家書店給予的分享，四十家書店的尋訪猶如四十堂文學課程，它也是生命教育的一部分，這又是多麼難得珍貴的事。書店寫作是一種「產地直達」，通過書店寫作我也在尋找新語言、新形式與新想像。這是一本與書、書架、書店的穿越考，或許也是一本散文筆記、環島書與空間書。好些日子以來，我始終在台灣各地逛書店：從本島到離島，從城市到鄉間，從海濱到山村。坐過小飛機，搭過交通船，單車機車計程車，有時是書店老闆的便車，然多數時候我在田野之間，知覺季節的交換，我在走路——獨自與這塊土地對話、思索、反詰，最後走成了一本書。很好奇最後文字將引領我們走向何處，而我多麼想要邀請你一起來。

001 雲朵：麥仔簝獨立書店

週一 — 週日：10:00 – 22:00

雲林縣麥寮鄉中正路 89 號（拱範宮媽祖廟前）

來到雲林麥仔簝獨立書店當天，我始終有回家的感覺。

可能書店空間本身即是一棟樓仔厝，它也是店長吳明宜的老家，眞正體現了所謂「回家開書店」的精神，左右鄰居住的又是舊識親戚：那處一間中藥行，這邊一間服飾店，都是小鎮的「老店」了，再加上鄰近有三百多年歷史的媽祖廟拱範宮，二〇一五年才開業的麥仔簝獨立書店，算起來非常年輕。

從老家重新出發，一

切都是新的，或者新中有舊，舊中帶新。原來的客廳現在坐的是看書談事的客人，空氣中漂浮咖啡茶香，而店裡正進行兒童繪本的展示，牆上掛的也是充滿童趣的繪畫作品，我就像同時也走入了一間小學年代固定要去的才藝教室，不是嗎？小鎮補習班都開在尋常可見的透天厝，麥仔簝獨立書店正進行一系列的手作工藝課程。

接連客廳廚房的空間才是麥仔簝獨立書店眞正的書區，零星分布寄賣的小農產品。我非常喜歡書架擺書、也擺罐頭食材的視覺效果，那意味著知識與生活就靠在一起，或者知識與生活即互為彼此。置身書架之間，我想到並不是每戶人家都有增添書籍的習慣，也就不會有購買書櫃的需求。記得從前樓仔厝的室內設計，總習慣在牆上挖個壁櫥，都擺家庭藥物或者證件之什，勉強算是一座小書櫃，庶民生活最常出現的印刷讀物都出現在這裡：通常是農民曆與電話簿，也有一些鄉鎮公所的贈書。我在麥仔簝獨立書店的書區特別感受這份親暱，這些書或站或攤或躺，取走一本到客廳廚房後院翻翻看看，人與書的關係自自然然。

麥仔簝獨立書店整體選書風格大抵以食安、性別、小農與台灣文史為主，平時也辦新書講座與音樂會，吳明宜謙稱書店部分才初剛始，我卻覺得麥仔簝獨立書店已經特色鮮明。想起不少也來自雲林這塊土地的作家，我曾從他們的文字書寫進入雲林認識雲林，進而走進季季筆下的永定厝、鍾文音的二崙，還有古蒙仁泛著浮光的虎尾溪故事，現在吳明宜回麥仔簝開獨立書店，以書籍作幼苗植入舊居土地，從原鄉扎根，期待日後文化能茁壯成林。

我在店內店外不斷進出，如果換上拖鞋短褲，看起來會不會也像是麥寮長大的在地人？事實上沿著書區繼續往內，開門走即是後院。這裡有副門聯寫著：「書有未曾經我讀，事無不可對人言。」橫批春風大雅能容物。這是題給書店的新春祝福，我覺得貼在一

沒有肝病的美麗島
破解肝病終極密碼
肝硬化全書
爆笑不爆肝！
肝硬化全書
別讓
誤診
害了你
3人就有1人被誤診！
健康
活到天年
脊椎問題知多少？
後毒物時代
從病懂病
糖、脂肪、鹽
SALT,
SUGAR,

堅持
後勁反五輕的未竟之路
南風

般住家亦無不可，因麥仔簝獨立書店就是家與店合而爲一的特殊空間。

來到後院，發現這才是麥仔簝獨立書店的前門，也就是眞正的前門。後院假日偶爾會辦小農市集，這裡正緊鄰一座菜場，白天人潮車流不斷，算是鬧區中的鬧區，中午收市過後立刻成爲一條靜巷，說是靜巷也不夠準確，不遠處總是傳來媽祖廟參拜隊伍的鞭炮與廣播聲響，它於是自自然然也成爲麥仔簝獨立書店的天然背景音樂。

到訪這天店裡異常忙碌，店長抽空跟我分享書店的這些那些，以及入口的磚牆設計。她說磚牆是來自對家中長輩過去從事磚業的紀念，海洋意象則與雲林地理位置遙相呼應。這裡還有一座露天的窯灶，一根向天伸長而去、造型頗爲卡通的煙囪。有灶的地方就有家的的感覺，窯灶平時用來製作窯烤披薩，燒的是天然的龍眼木，後院就有一棵龍眼樹。我想起老家雖是透天厝，因過去使用窯灶煮飯燒水習慣仍在，當時蓋新屋也順便起灶，爲此也有一根煙囪。黃昏如果只有我一個人在家，就得負責燒全家人的洗澡水，那個窯灶年節也拿來蒸粽與炊粿，我總是擔心水燒不起來，不斷添加柴火，接著跑到距離一段的後院，看著炊煙團團湧了上來，這才放下心。麥寮沿海地帶也有許多煙囪，它們一根根怵目驚心立在塡海造陸的新生地，一根根排出的白煙也混入雲層天際，延綿你我的眼前，遠遠看去就像雲的森林。

離開麥寮時間已近傍晚，一整天我像名香客拿香跟著入廟參拜，也像遊客手持相機不斷捕捉街景，但我期許自己未來可以更像在地居民，學習與這座濱海鄉鎮一同呼吸心跳。坐上開向雲林高鐵的臺西客運，隔著車窗看著雲林的天氣，其中一朵雲，會不會就來自麥仔簝獨立書店？它像漫畫對話圖框帶來關於書的訊息，雲裡滿滿寫著一家偏鄉書店的心意。

002 綠川的抒情：一本書店

週三 — 週日：12:00 – 17:00

台中市南區復興路三段 348 巷 2-2 號

日治時期無論台人日人，都有不少作品歌詠綠川，明信片亦以綠川當成背景。我看過一張：兩岸垂柳，橋墩可愛，一片靜謐。雖是黑白印刷，彷彿還能摸到現場的綠。

昭和九年七月十五日的《台灣日日新報》，則載登了一篇關於「納涼會」的開市訊息，新聞報導：納涼亭就搭在綠川一旁的醉月樓前，亦即當今宮原眼科附近，選擇以綠川當成納涼市集，除了著眼於它的地理位置，大概也是著眼於它的美麗吧！

一條綠川可以寫的故事何其多，順著綠川流過民權、復興路。它時而隱身、時而閃現。我們知道，很快它要流過一本書店。

一本書店位於綠川溪畔，現在它也是綠川故事的一部份了。二〇一五年七月正式運作，如果是在日治時期，大概也是納涼會的黃金時段。

說起一本書店，腦袋立刻浮現一整面綠。這是什麼綠呢？好像綠是動詞，整個市區、學生、車流，乃至書店都綠起來了。站在書店門口，放眼可以看到苔癬的綠、鳳凰木的綠、不知名的綠……雖是台中舊城區域，細微之處到處是新意，處處有新綠。

視覺的啓引，讓你的身心在走進一本書店，逐漸緩和下來。與書店女主人

Miru約在休息的周二，這樣才能好好談。音樂不知什麼時候開始的，今天播放的是程璧的〈詩遇上歌〉。雖非營業時間，氛圍同樣講究，讓人特別喜歡，而程璧在唱：把笑喜歡過了、把等待喜歡過了、把活著喜歡過了。

喜歡生活、熱愛生活、好好的活著，閱讀與食物交織的生活美學，這是一本書店的精神底蘊。這天甜點是好吃的焦糖布丁，中午十二點，

也是一本書店開始的時間。猜想平日這時預約餐點的朋友，陸續從城市各個區落前來，他們離開辦公桌，在約莫八九坪的書店空間找到自己的位置，位置可以用餐可以看書，一個早上的思慮得以緩衝，心情就像是綠川夏季的水勢。

　如果點閱一本書店的臉書，時常得以欣賞當日餐點的即時畫作，名之爲「好好地吃午餐」，畫得煮得都厲害得不得了，我想是全世

界最美的菜單了！如果餐點擺盤一如文學修辭，這邊果物、那邊蔬菜，顏色很重要，食具也不能馬虎，好看更不忘記營養，於是食材一如題材，這些畫作，集合起來就是一本好書了！

一本書店的書籍呈現，多數是倚牆站立，上下兩排，書櫃隔層特別厚實，像窗外仍在生長的樹木。我以前喜歡觀察別人看書的姿勢，有人椅面只坐三分之一，有人度數太深腰彎超低，有人把書本豎起來，好像要把臉部遮起來；我以前也喜歡觀察別人吃飯做什麼？有人看書滑手機，有人只是低頭默默吃。那麼，一個有趣的問題是：人、書與食物的距離，可以是什麼呢？如果它是一道數學算式，不如就用 Miru 的創作來回答吧。

一本書店的角落有個紙碗·正是 Miru 的創作，它太可愛了！它是一本書！碗怎麼變成書？

原來這個通過紙張層層疊起的飯碗創作，上頭紙質的挑選，全是來自字典的內頁，字典的分類係以部首爲主，所以你會看到全是食字偏旁的漢字。食字部首有什麼字？飲、餉、餌、餓……食字只有九畫，卻與其他符號排列組合成爲不同意義的新字，而這個對「食」的詞源考掘，未嘗不也是從古至今，我們對「食」的想像總和了。我們對食物的想像：從塡飽胃納的生活實踐，來到化成了藝術創作的境界，我猜想這就是人與書與食物的距離了。如同一本書店的金句：生活裡，有書有食物，就豐足了。這個紙碗正是書店精神的具體化身。

我想像每個將紙碗捧在手上的人，表情一定超美。或者發出驚呼讚嘆，或者忍不住想要探個究竟。碗內的世界何其豐饒，一如書裡的世界何其遼闊。我也以爲這個紙碗·不啻也是一本詩集！詩的意象在一本書店無處不在，「一首詩的朗讀」，也是一本書店的重點活動，有個全是擺放詩集的皮箱一卡，或坐或躺許多詩冊，這時你又聽到程璧在唱：睡吧小鳥們，我把活著喜歡過了。春的臨終。盛夏初至。谷川俊太郎。

談話之間，我發現 Miru 除了對於美的領受讓人驚艷，Miru 也喜愛讚美來到一本書店的朋友們。一間主人客人彼此喜歡的書店，誰能不愛呢？一本書店鄰近住宅區域，所以 Miru 說，不希望打擾到鄰里住戶，營業時間十分性格，只在中午十二點到下午五點。

這個時段平時你都做什麼？藏身台中舊城的綠川溪畔，節氣轉換的時候，一本書店會告訴你：夏至小暑大暑秋分……這些節氣重新抽換字面，不知爲何也有詩意了。

一本書店並不只是一本書店，它與綠川、舊城、台中合而爲一，它也與食物、閱讀、生活合而爲一。那麼，「一本書店」是散文、小說還是圖文集呢？

我以爲好的東西一定具備「詩」的品質，如同一間好的書店，它必然是詩意一般的存在。而一本書店，當然就是一本詩了！

003

找門牌：

給孤獨者書店

週三 — 週五：14:00 – 21:00
週六 — 週日：15:00 – 20:00

台中市民生路 368 巷 4 弄 2 號 2 樓

時間走到一半，透支未來的人
問著鏡中自己的臉：還要繼續尋找
一方不存在的門牌號碼

沉默良久，試圖出發，
哀哀詢問時光中那張斑駁的臉：
還要繼續尋找
一個不存在的自己嗎

——〈找門牌〉

詩是來自孫梓評的《法蘭克學派》，朗讀詩句的背景則在台中向上國中附近的審計新村，二號二樓，來訪這天正是陰天，我的手上拿著字跡清楚的住址，不知爲何卻在頗具歷史的建物巷弄找不到二號在哪：「二號在八號樓上，樓梯走上來就是了。」幸好書店主人適時從雲端傳來一紙信息，指引方向，獲得

8

解救。現在我一邊撰寫文章，一邊重讀這信息，感覺倒也像一首詩了，或是〈找門牌〉詩句的延伸，或是根本像劇本對白——它寫在一部叫做「給孤獨者」的劇齣，內容說的是關於自我、家庭、青春、遠方的故事。實則給孤獨者書店的建物前身，是間蓋有二樓的員工宿舍，隔著短巷得以看到前棟與後棟的住家：規格類似，外觀一致，讓人聯想到典型的、模範的、關乎家庭的理想模型，同時散發某種嚴峻的時代況味。我所到訪的宿舍是兩房一廳一衛廚，這也是給孤獨者的內部配置，不知曾有多少家庭起居於此？那該是怎樣的成員組合呢？是不是像書店主人張豫來自的島嶼南方，有著父親、母親與張豫。翻出屋內整修前的照片，昔日牆上還留有卡通造型的貼紙，大概住過小學孩童吧！事實上給孤獨者書店大小約莫就是一間房，只是放在整體建物的歷史脈絡來看，它又不只是一間房，應該還有其它的。

大學念的是設計，現在的木質地板是後來張豫新鋪的，之前地面是民宅尋見的米色方磚。書店並不算大，卻擁有一扇明亮的對外窗，我很喜歡這窗，以及接著窗緣的座位。窗外直直對準一條靜巷，巷口有座廟宇牌坊，好奇怪卻沒找到廟。其實拜訪這天恰巧樓下也在進行市集，它讓我不斷去思考孤獨喧囂的界線在哪裡？也許給孤獨者書店的存在本身即是最好的回應吧。二〇一五年聖誕節左右，它詩一般地開業了。

爲什麼會開書店？八年級的張豫來自高雄，同時是家中獨子，歷經台灣少年都會面臨的升學教育，他說以前下課常在書店翻找課外書籍，目的只爲了尋覓一種素樸、直接的感動，而通常就只是一條書背書名、一行不完整的詩、斷斷續續的幾個字。當時的他著迷孫梓評的詩，除了〈找門牌〉，也特喜歡〈辯詞〉，尤其是這句「星星是夜晚晴朗的辯詞」，現在他手上的這本《法蘭克學派》已經翻到脫頁了。主要是張豫與我的文學養成實在極度相似：一路新聞台、部落格、無名小站寫上去……七八年級生的講話方式，他提及以前還會在好友名單後面繫上一首詩。正是一個雨停的午後，我們有緣在給孤獨者書店指認彼此以青春讀物，張豫說：書就像一面鏡子、書店是一個細水長流的過程、而世界上最美的東西都是誠實的。

沒錯，給孤獨者書店展示的都是張豫想與這世界分享與這世界述說的：七等生、邱妙津……每一本書都躲著一條赤誠的靈魂、一顆炙熱的心跳。店裡四處也能見著張豫的字，他寫下的隻字片語，每個物件親自都爲它補上說明。書店同時獨立發行刊物，取名《孤獨部首》。可以說書店就像張豫心靈內容的具象呈現，當然也是赤誠的炙熱的。

作爲家中獨子，張豫說父母親是做工仔人，學歷雖然不高，在文字藝術方面對他卻是影響很深。從小是不用父母擔心的孩子，懂事且極受疼愛，以前上補習班，張豫說他永遠記得父親是第一個抵達接送的家長。其實我覺得這些陳述也是極爲誠實、極具反思的，而且非常重要，這個特質又徹底顯示在張豫對於字、或者以字爲媒介的各種表述形式的敏銳度：父親留在冰箱的字條，母親的讀報與日記，尤其是母親，張豫說：「全世界只有我看得懂我媽在寫什麼。」他秀出不同階段母親發送給他的訊息，比如簡訊：「大可愛回家溫暖有伴可玩笑」；或者手寫的信：「身時光好保握喔」。這是母親與張豫之間的暗號密語了，母子之情千絲萬縷，它藏在字裡行間，它藏在文字之內也在文字之外，張豫都仔仔細細留存下來。

出生九〇年代的高雄鳳山，其後負笈北上念大學，刻正於台中營生自己的第一間書店，已經走過台灣大半圈的張豫，他說希望書店還可以給人一種

「遠方」的感覺，遠方到底有多遠？那是什麼感覺？遠方是不是會有一張門牌，剛好是二號二樓？感覺外觀該是鵝黃的壁色，而裡面恰巧也住著一名給孤獨者呢？

004 撒豆成詩：島呼冊店

週二 — 週六：14:00 – 21:00

嘉義市西區北興街 86 號

我低頭細細研究「嘉義市空襲時期人員車輛臨時疏散避難須知」，這張頗有歷史年份的地圖並不大，卻端端正正站在島呼冊店的一角，我覺得它不只是一份歷史文件，倒像當代嘉義指南，還可以拿來使用似的。

當然可以使用。差別在於你看待的方式、觀看的視角，以及你期待的到底是什麼？地圖上的線條，橫縱交織成戰後五〇年代嘉義的樣子，幾個熟悉的地名提供你一個模模糊糊的方向感：省立嘉中、中山公園、廣播電台、圓環……每個街區被切割的方方正正，齊齊整整。我跟島呼冊店團隊成員敏華說：你看！它像不像一塊塊的豆腐！

豆腐製作是島呼冊店的重點項目之一，事實上，島呼兩字即是從豆腐借來的台語發音，非常可愛。

豆製產品是台灣人生活中不可或缺的重要元素，島呼冊店使用的則是未經基改的有機黃豆，所以這是一間賣書也賣豆物的冊店喔！敏華將友善耕作的食事理念，實際化作一杯杯豆漿、一塊塊豆腐。撒豆成詩，散落的豆點是一條虛虛實實的長線，我們協力將它連起來！

我繼續細細看著這張疏散地圖，同時尋找島呼冊店當時該是位於哪個位置？直覺告訴我得先縮小範圍，而且首先要得找到——鐵路，然後再沿著鐵道尋到後站。鐵道在地圖的呈現方式，是不是也是虛虛實實呢？我以前看到地圖上的鐵軌，就喜歡拿筆把它接成一條線。是的，島呼冊店店址正是在嘉義火車後站，這處在地人記憶中的「北港車頭」，現在是後驛社區的一部分。

二〇一五年，島呼冊店由一群嘉義在地青年創立而成，冊店空間的前身曾經是競選總部，其後轉型成爲講座、飲食、閱讀合而爲一的複合書屋。空間建物同樣也是頗有年份的二層樓老木厝，外部漆色與內部漆色在視覺上都相當明亮且舒服，我喜歡它的綠——很像舊時學區的員工宿舍，卻又散發一股青春氣息。初抵達就忍不住拍了一張丟給臉書朋友，立刻引來驚呼：「太像電影場景了！」、「很想住在裡面！」

其實來到島呼冊店是日正當中，當天店裡兩點恰要進行一場老街復興的相關講座，後來也忍不住聽了一下。這個講座放在島呼冊店地處的後驛社區，其實也別具參照意義。後驛社區宛如台灣交通發展的近代縮影，我從大馬路轉進店址所在的北興街，立刻就感覺這處並非一條普通的路，沿途店舖商家相當齊全，仍能看出昔時繁華的輪廓：銀樓、空屋、香紙鋪、理髮廳，街的盡處是一座市場。這裡定有許多故事等著被述說。

敏華提及島呼冊店所在地，早年因著交通地利之便，絹合了縱貫鐵道、台糖小火車以及阿里山森林鐵道。

換言之，這處儼然成爲進出嘉義的交通樞紐，猜想當日鬧熱程度可見一斑，而這也是北興街歷史氣息的根源所在。一九七九年左右，一座更具現代意義的北興陸橋完工了。是的，一座橋的誕生，它會大規模的改變在地人的交通慣性，同時漸漸取代原本地面道路的通勤功能，且隨著產業重心日漸轉移，昔日繁華不在，這裡漸漸回到最初的靜態。昔時的北港車頭它像是一塊歷史的袋地，安安靜靜等著被挖掘、再認識。

所以「橋」的意象在島呼冊店特別重要，它是眞實存在的一個地理場景，並且深具歷史意義；而在象徵層次上，橋也意味著溝通、協助、表達等傳播訊息的功能。橋的意象在文學電影的製作無處不在，我記得戰後初期《台灣新生報》的副刊名喚「橋副刊」，它用以連結省內外文人的文藝言論，提供一個良善溝通的場域；徐鍾珮有篇名文叫做〈發現了川端橋〉，川端橋就是現在的台北中正橋；蔡明亮的電影、七等生的小說，都有一座

橋。回到島呼冊店，店內書籍採取租金借閱的方式，書的流動一如人的流動，冊店因而變成一座橋，搭起智識溝通的幹道；島呼冊店夜間也推出寫作業與看功課的計畫，保母一般的守護橋下的孩子。島呼冊店並發行社區型小刊物，叫做《橋下騷動》，版面約莫兩手攤開大，兩手攤開也是一座橋，關於這條街的前世今生，它正要被記下。

兩點一到，講座就要開始了。聽講的朋友陸續從嘉義各個方向，往島呼冊店聚攏而來，午睡中的北興街，這時竟然出現微型的車流。我注意到店內有個位置，大概就是我低頭看地圖的地方，它的視線剛好可以從屋前看至屋後，目光所及之處，則是一個被門與窗與牆，交織分割而出的橋身，它突然像是疏散地圖上的某個街區截角，被完整搬移到眼前來了。

我就看著這個畫面發呆，靈感不斷湧現出來。原來書店離橋這麼近。橋上終日有不間斷的車潮經過，人不間斷地離開，不間斷地回來。車聲就是掌聲。此刻橋下來了一群有爲的青年，他們在島嶼呼喊，他們正在創作屬於這個世代的嘉義故事。

005 不簡單的事：

燦爛時光——東南亞主題書店

週一 — 週日：14:00 – 21:00

新北市中和區興南路一段 135 巷 1 號

雖然聽過張正大哥的精彩演講，讀過不少新聞報導，關於東南亞移民工在台灣的議題，我還是覺得知道太少，因深覺自身的不足，特想要親自走訪書店。

燦爛時光位於南勢角捷運站附近，鄰近中和興南國小與興南夜市，二〇一五年四月十二日成立，店的外觀雖然巧小，這家以東南亞爲主題的書店在做的事，卻是不簡單的事。

店裡藏書豐富多

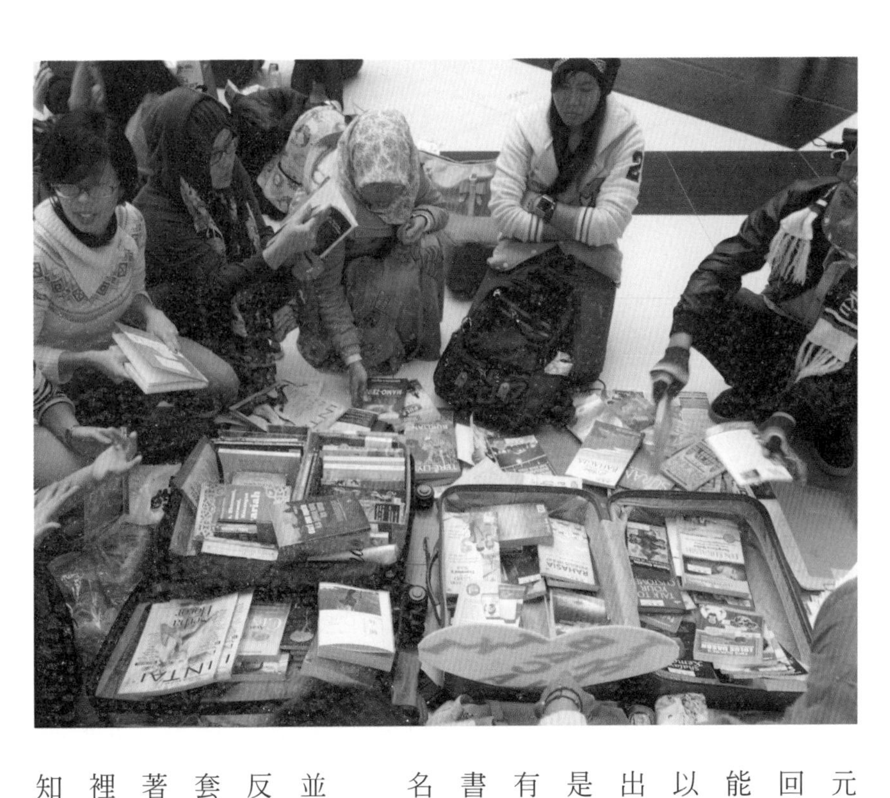

元，其中「帶一本自己看不懂的書回台灣」的活動回饋，影響甚大：首先它得以從自身做起，其次又能推己及人。所謂「自己」、「看不懂」、「回台灣」，以及「書」，上述關鍵字眼的排列組合，相加相乘出來的變化，其實就有無限可能。看不懂怎麼辦呢？是否需要有導讀？帶一本不夠啦！應該要帶一箱！有趣的是，這個從東南亞國家陸續漂流回到台灣的書籍，上榜次數最高的，張正大哥說：是世界經典名著《小王子》。

燦爛時光的書籍流通，是採取原價租還的方式，並且歡迎註記畫線。這件事很有意思，值得我們深入反芻。有人讀書喜歡在冊頁塗鴉，有人讀書喜歡包書套穿書衣。這些是外顯的，我以爲畫線註記，它是試著鬆動當前我們對「書」的定義。「書」的概念在這裡被超展開：塗鴉畫線有何不可？書是一本得已提供知識的書，書也是能夠做爲信「物」，接力棒一般

燦爛時光
東南亞主題書店

在不同人的手中流傳。這些刻印在書籍上頭的畫線註記，如同時間疊著空間，空間疊著時間的筆記術，它以書為中心向四面八方輻輳而去。

每次在圖書館或者舊書攤，翻到畫滿線條符號、殘留螢光筆觸，甚至隔頁紙條都忘了撕掉的書籍，總是讓人屏氣凝神，充滿尊敬，因為，這本書是有重量的，它曾被如此慎重地看待過，目光也疊著目光；或者無意翻到一個求學時期的參考書籍，看到上頭滿滿的修改重點，其實你也在重新認識自己。當時為什麼會覺得這重要？現在你還覺得重要嗎？

然而我更以為，這個畫線註記的提示，其實也在催促你我思考——關於「做記號」這件事。我們是不是都害怕被做記號？你我之間的區隔有時正是來自記號、標籤、身分、認同、信仰。換言之，當我們閱讀一本畫滿註記的書籍，燦爛時光藉此所欲傳達的，乃是我們需要學著認識各種記號之存在，一如明白多元差異的存在。不同註記意味著不同心情、不同聲音、不同顏色，它也在鬆動我們既定認知：書要齊整，不容標記。有趣的是，記號本身不具意義，你以為它是塗鴉就是塗鴉，你以為那是藝術就是藝術，唯有當你賦予詮釋給出思考，它曾形成各種有血有肉的符碼。換言之，起身認識、主動了解，不僅非常重要，而且相當迫切，你的詮釋，決定你的框架視域。當我們對書的想像不再侷限了，一如對於各種人事物都不在侷限了，世界自自然然為你開啓。

如同來到燦爛時光，心情卻豁然開朗，試想「燦爛時光」四個字，它的畫面是什麼？是不是有歡笑有歌聲，天氣極佳，日子繽紛快樂。店裡的牆面塗鴉十分鮮豔，顏色的意象在書店非常搶眼，都是相當大器的色調。壁上那隻灰象噴出大小不一的水滴，每個水滴都住著一面國旗。這個饒富熱帶想像的風景出現在店裡，突然給我一種吉祥的感覺。書店一樓有座米白色的沙發，這天剛好店內朋友在換洗組裝，不知爲何，動手加入幫忙這事，讓我覺得很有意義。關於東南亞故事在台灣的眞正的認識，我以爲是來自生活實踐，希望可以多做一點什麼。

而走進一間其實你看不太懂的書店，本身就是一個親身實踐的起點。我在二樓看到許多從小熟識的卡通漫畫，語言卻是我所不認識的，書店寫滿印尼、越南、泰國等國家的文字，每個文字也都記號般等你重新學習，形成溝通，互相理解。三樓空間擺設如同教室，一張張小學教室的課桌椅，每張桌面噴著不同線條構成的記號，顏色紛呈：sách、buku、หนังสือ、សៀវភៅ、Aklat、စာအုပ်。這些記號都是「書」的意思。定期追蹤燦爛時光臉書的朋友，定會發現講座活動非常活絡，燦爛時光眞正如同它的名稱，是個鬧熱明亮的所在，絡繹不絕的朋友從四面八方到來，向四面八放擴散而去。值得一提的是，「東南亞書店聯盟」是燦爛時光正在推介的活動，這次在四十家書店的尋訪過程：至少就在嘉義的島呼冊店、花蓮的豐田冊所，看到這些「看不懂」的書，它像是一種提醒，看不懂不等於不存在。

我的書櫃有幾本關於東南亞議題的書籍：張正大哥的《外婆家有事》、四方報編譯的《逃：我們的寶島，他們的牢》，以及《流：第一、二屆移民工文學獎得獎作品集》，都是出版第一時間就買回來。一個夜晚，逐篇讀完文學獎作品，一個有趣的事，我發現作者介紹，以及銜接作者介紹的參賽過程與得獎感言，也很動人。這些第一人稱的敘事，反反覆覆看了幾次，那像來到作者身居的城市鄉村，跟著她一起買紙筆構思、至郵局投稿、在家中等候與通知。彼此之間都因書寫靠得更近了。

我突然想起一個講座現場，張正大哥爲大家介紹電視節目「唱四方」。這個現場直達、街頭歌唱的表演

燦爛時光
東南亞主題書店

形式，它將「民間」活生生搬到你的眼前。其中一集，來自印尼的Supini爲我們獻唱黃小琥的〈沒那麼簡單〉，她唱得好極了！但見在座的大學生也偷偷跟著Supini哼起來，我看得心情相當激動。這首歌多像燦爛時光的精神要旨，每件事都是不簡單的事，每件事都是最重要的事。

拜訪燦爛時光當晚，書店正要舉行「你一定要認識的越南系列」講座。離開之前，我突然自告

奮勇，拿起色筆幫忙撰寫看板資訊：一筆一捺，一字一句，寫得特別用力。我想我們一定還能做些什麼。

006

既靜且動：武學書館

週一 —— 週六：12:00 － 20:00
週日：12:00 － 18:00

台北市重慶南路一段 63 號 5 樓 503 室

靜靜藏身在重慶南路大廈九樓的武學書館，初抵達你就注意到：這是一間會動的書店——會動的書店？當天館內正有客人與劉康毅老闆進行武術知識的談話，而我像開學日選修課的男大生趕緊來找教材預習功課，手上不停筆記。

走進武學書館真的會讓你忍不住想要動起來，你多久沒動了？即使在你眼前是靜態的武術書籍、海報演示圖，乃至錄像光碟全在架上按兵不動，然書櫃小卡卻清楚寫著：擒拿、摔角、點穴、散打、格鬥……這是名詞也像是動詞，更是書籍分類方式。

一九九五年，劉康毅成立逸文出版社，同時開設武學書館，長年致力推廣武學及其相關文化。當天訪問結束，走在重慶南路我一直想著：武術是個永遠的進行式。這句話它極具畫面，扼要說明了武學之特色，同時也點出武學當前挑戰之所在。劉康毅說：武學它無法定義，它是動態的。雖是如此，我們仍能從劉康毅二十多年來，無論書籍出版、個人探究，乃至展演研討等方面，看到他對武學的各方努力。二〇〇〇年發行《台灣武林》雜誌，至今已逾四十期。

來到武學書館，除了感受劉康毅對於武學懷抱的強烈使命，他的熱情疊加讓人印象深刻。在面對傳統

強調口傳心授的武學領域，他正努力朝向將武術知識化的目標挺進。從武術到武學，就書館目前書籍分類：如武學總綱論、以至各種拳法門派的細緻歸納，其實已具規模了。爲此你是否感覺，自己原來置身一間會動的書店呢？劉康毅說武學知識也是流動的，於是當武學進入紙本印刷，不免好奇它的知識結構與表述形式是否也是既靜且動？翻閱架上的書，不少書籍有時

文字也有圖解，或者文圖相互補充，或者只是圖，圖即是文。讓我想到我們對武學書籍的理解過程與閱讀方式，也是一樣很活潑。文字如何動作化？或者動作如何文字化？邊看邊學邊紀錄，這是我的新功課。

武學書館的牆面掛著多幅拳法演示的海報，一進來就被強烈吸引：比如《潭腿十二路全圖》、《形意連環拳圖說》、《四象衛生譜》……。這

些瞬間定格的身體鏡頭，巧妙地說明了武術是永遠的進行式。仔細看著牆上的每個動作都像一個符號待你解碼。有時是手繪人物肖像，有些是真人示範，其實我完全陌生，心中卻升出一股尊敬。盯著分格的演示圖看到出神，遠遠望去，感覺他們的肢體也都化成一個又一個字。這些身形是不是很像下、上、卞、卜、半、木……每個字都充滿力道與美感，彷彿人與字下一秒將要從海報跳出來。

武學書館也進行將知識數位化的工作，並成立武學圖資數位典藏館。我們從而看到一門學問它從文字、圖像再到影像，乃至圖書館化的各個階段，武學書館與時代緊密貼合著，誠如劉康毅強調武學是人，我想到人是不斷在動的。

在書館找尋資料時，我想起到每年台灣各地廟會活動，而編列成伍的宋江陣頭，多年來由於人口外移的影響，總有許多鄉村組不成團的新聞傳來，或者沒有師承不知如何操練，一個傳統眼看就要熄火了。記得父親前些年也在廟裡擔任陣頭要角，在村子的父執輩相繼凋零之後，一夜之間他突然成爲耆老。他必須當起教練，於是趕緊找出從前的廟會錄影帶，在家拿起本子不斷惡補做筆記，接著當晚就在廟埕指揮比劃，有時也有其他長輩加入補充，趕緊又立刻修正，不斷因應現場狀況進行調整。這畫面讓我難忘：一來宋江陣操演的廟口一如大型健身場，他們白天都是士農工商，晚上卻齊心爲了一場廟會讓自己動起來。再者，會不會這就是劉康毅說的「動態化」、「進行式」、「無法定義」的一種證明。父親的筆記有時文字，有時是圖，有時是圖文交叉，就像此刻在武學書館看到的不少書籍，而我正碰觸一種過去在文學領地罕少遇到的說話方式，半點不敢鬆懈。

我也想到跌打損傷的國術館、走江湖的特技、校園舞龍舞獅的社團，甚至是體育課。你應該記得體育也有課本的，然它是不是在發下來的學期初，就立刻壓在抽屜最底端？而我們的身體歷經家族庭訓、學校教育、國家機器，軍事管制，乃至個人修身養性等。現在你對自己身體的認識又有多深，其中武學文化在你我的日常生活又是如何展現？劉康毅在《武學書館聞藝錄》強調，武術探索必須「在時間、空間、人文的概念座標上進行設定，時時加以還原」、「眞實世界是『體』的呈現，人們只能藉由自我設定的『點、線、面』去認識它」。我想像這個座標象限的點不只是點，而是線與面的其中一個接合處，或者變化角度看點，才發現它就是線、面。如同海報上的動作分解，換個方向，是不是就變成不同的字？武術是個永遠的進行式，我正在學習，深信它會一直走下去。

007

青年們：

自立書店

平日：約 11:00 — 21:00
假日：中午後— 21:00（每月第四週的週日公休）

基隆市中正區義二路 46 號

最後九十九歲的陳上惠在書店現場拉起一曲〈小城故事〉，這是他的招牌曲目之一。光亮的書店，十字路口的車流人群，我被陳老先生拉琴的身影感動得不知所措。然關於自立書店，這琴聲又怎能將它的故事說盡呢？雨夜的基隆港邊，〈小城故事〉會不會只是爲我奏起的序曲，挾著琴聲雨聲走進自立書店，時間退回到七十年前。

一九四五年二次大戰結束，台灣宣布光復，青年陳上惠隨接收的國民政府軍隊從基隆碼頭上岸，不知那天的基隆有沒有下雨？而碼頭又讓你聯想到什麼？在屬於海島的台灣，它總是與分離、結束、開始、新生的意象結在一起。一九四五年之後的基隆碼頭是歷史轉運站。這裡有大批的日人「引揚」離開。這裡也有大批的大陸軍民抵台。

在我眼前的陳上惠雖已年屆一百，我看到的卻是滿腔熱血的青年魂。陳老先生時常提到「青年」，顯然這是重要的身分，二十七八的歲數，正是此刻我的年紀。陳老先生說我們很有緣：他是祖籍福建，我也是；他說福建漳州，我點頭說我也是，全程我們便以流暢的閩南語進行對話。黃埔軍校畢業的陳上惠提及：戰後青年各個胸懷大志，一九四六年在台灣從軍隊退役之後，便與諸多袍澤弟兄投身報務工作，一切都是從頭學起。陳上惠說，當時國語教育尚在推行，日語與方

牛排
牛排
超大
自立書店

言仍是民眾生活主要語言。事實上，直至一九四六年十月，報章雜誌才全面廢止日文欄目，這使得在陳上惠而言，推廣一份全中文的新報紙委實並不容易。他說兩大張《自強日報》的八百份印量，根本一份沒賣出去，而我在想販售書報的據點不普及，大概也是原因之一；或者競爭過於激烈，除了全台性的《台灣新生報》，前後時間的《民報》、《公論報》、《中央日報》，乃至地方報業也相繼問世。其實這是一個對於知識需求相當激烈的年代，然有人需要日文，有人需要中文，處在語言秩序樣貌紛呈的戰後初期，相信來自漳州，能講閩南話的陳上惠，自有一番不同的體會。陳上惠說，其後歷經各方考量，本來打算搭船回廈門，重返福建漳州老家了，走過基隆碼頭的他恰恰看到籌備中的《基隆日報》在徵人。是的，這也是一個四處都在「籌備中」的時代：一切等待修復，萬事尚待重建。只是時代考驗青年，青年創造時代。當

你來到歷史轉運站，你是留下，還是選擇離開？盡在一念之間了。《基隆日報》籌備一時，最後又因種種因素，難產無緣問世，巧妙的是，不斷移動與遷徙的陳上惠，卻從此在基隆深耕，久住了下來。

可能報務經驗讓陳上惠有感於訊息流動的重要性，特別戰後台灣社會無論在政治、文化、經濟等方面，皆面臨「接」與「收」的激烈轉型，以書籍作爲媒介當成溝通的橋梁，這是重要的識見，陳上惠後來開書店騎樓門口也有個讀報欄，早報晚報按時更換，讓自立書店不僅僅是一間小店，它還肩負著溝通你我、周知訊息的使命，陳上惠也提醒我：要有遠見！老先生他眞的看得很遠！可能書籍是消解鄉愁的憑藉也說不定，陳上惠說，每天他拉著拖板車從基隆碼頭來回義二路五十八號，第一天開幕只有六包書可賣，他說客人看到書的表情，比中獎還要開心。我看他說得開心，也跟著興奮起來，像站在歷史的現場跟著人推人。原來書籍不僅讓人讀，也能讓人開心？是在這大分裂、大變動的大時代，一九四七年四月四日兒童節，陳上惠的小書店開幕了。

問陳上惠爲什麼取名「自立」，他神情專注地說：自立自強。自立二字到處可見，在這裡又顯得恰如其分，只因書店本身的發展，即是這個時代口號的實踐過程。而從草創時期的店面自己清理，再到書籍自己拖運，連書架都是自己鋸出來的。一九五〇年自立書店販書之餘，也開始賣起文具，生生不息一路走了下來。

事實上從昔時的哨船頭、日本時代的義重町，再到現此的義二老街，位於義二路的自立書店，它的建物空間本身即是一部老建築的活歷史，而數十年來多少基隆人在自立書店留下回憶？現在書店空間規模縮減不少，但自立書店本身的歷史底蘊，卻給我無限延展的視覺感受，這也是我走進許多傳統書局的類似心得。我想起陳上惠說從前書架是徒手鋸出來的往事，這把鋸子後來成爲書店的鎭店之寶，它太重要了！陳上惠六十年來也鑽習鋸琴，他送給我一本自編的《鋸琴演奏法自編講義》，封面用奇異筆寫著「知難行易，行而後知。」昔日工具成爲得以娛樂消遣的樂器，當中定有陳上惠的人生哲學了。然鋸琴聲音又是什麼呢？陳上惠常在店裡拉琴教琴，我在書店角落發現一張曲目單：〈何日君再來〉、〈雨夜花〉、〈思慕的人〉、〈人生何處不相逢〉、〈國旗歌〉，當然也有〈小城故事〉。

這像是陳上惠的心情點播了，一曲換過一曲，藏在琴音的故事，是自立的故事，也是基隆的故事。走出自立書店，走在雨中的碼頭港邊，琴音纏繞在我的耳際，爲什麼它久久沒有散去？

008 今天天氣晴朗

書房味道

週三 —— 週日 : 14:00 – 21:00

新北市林口區中正路 356 號

陳輝龍是九〇年代台灣文壇最受矚目的作家之一。無論小說散文，乃至美術、攝影、音樂，無不展現他過人的才華。讀陳輝龍的作品也是個充滿刺激、享受、驚喜的過程。我們可以發現：陳老師對於「書」的定義與眾不同，其裝訂設計十分講究，風格強烈，時常埋著機關巧思，讓人想起西川滿的《愛書》或一九四〇年代《民俗台灣》的若干同仁；而陳老師對於「文」的體會自有一套美學理論，從八〇年代一路迤邐而來：陳輝龍文學念茲在茲於形式實驗，用字語言自成一格：或曰鎔鑄日式語法的漢字組構，或曰乍似台語表音的記號手法，兩者存在拆解象形漢字的理念意圖。如今在華語語系文學（Sinophone）、殖民地漢文等概念時興之下，閱讀陳輝龍的文學，反而非常「著時」。

多少年來，穿梭不同媒材與表現形式，陳輝龍正在製作或者尋找一種文體。而是在一個更具歷史縱深的脈絡，重新坐上《單人的蹺蹺板》，打開《照相簿子》，走入「書房味道」，《彼昔景相》於焉有了新的可能性。陳輝龍的文體是一種多媒「體」，一如書房味道不只是間書房，他有著雜貨舖的精神，卻又十分現代，兩者無不值得我們耐心分析，細細咀嚼。

其實來到林口書房味道這天，我非常緊張，我很喜歡陳輝龍的作品。我跟陳老師說：這裡是陳輝龍的文學教室。而如果從陳輝龍的作品切入眼前的書房味道，將書房味道視作陳輝龍文學的一個延伸，一個關於「書」與「文」概念的空間化過程，那就更有意思了！以陳老師的作品爲例，〈南方旅館〉並非「旅館」。而是一支海盜船隊。〈雨中的咖啡館〉其實沒有落雨。雨中乃是地名。〈虛驚魂記〉是虛驚更是「實」驚；所以「書房味道」當然不只是感官意義的「味道」！它是風格品味、一種 style。

書房味道成立於二〇一三年，目前店內書籍大抵分成三種：古董書、二手書、outlet 書。這天就在書房味道，找到許多陳老師自身的書籍，上面還有陳老師的簽字，我很喜歡一整櫃的文學雜誌：《現代文學》、《文季》、《台灣文藝》。我像是走進一位五年級作家的私人書房，同時讀到他的時代故事與心靈語言。

年輕的陳輝龍曾帶著相機，遷徙島嶼各地，足跡至南至北，時間約從一九八二年到一九八七，這是

他的生命旅次，無意間卻紀錄了解嚴前台灣的面目表情，一九八七也是我出生的年份，陳老師鏡頭下的世界，就是我即將到訪的世界。這是《照相簿子》。我們就在書房味道慢慢翻著。

關於書房味道，理想的位置一路從台南、宜蘭最後回到了熟悉的林口，店裡賣的茶葉，正是來自台北近郊在地茶農的研製產品。店內空間除了書物，亦有不少茶具器皿，陶藝碗盤，宛如一間雜貨舖。店內地面是台灣民宅常見的碎石白花，屋身處在邊間，與擇日館、通訊行、甜不辣店比鄰，這裡頗有小鎮風情。其實陳輝龍的小說作品形式多變，感官的捕捉、錯置、移轉尤其敏銳，無論是音樂、氣味、視像等，〈聽影

像〉可以讀成一篇創作自剖，一種範式典型；而以空間爲題材的作品，更是所在多有：電梯、廢港、城中央的「店」。爲此，如果「書房味道」即是陳輝龍的一個作品，正是感官與空間的結合。刻正其中的茶香、茶品、古物器皿，都得以見諸一種新的審美品味，乃至美學理論的逐步形成，所以從書店的方方面面，就足以讓人讀到作者的變與不變，實在非常期待陳老師的新作！

我最喜歡的一本是《彼昔景相》，此書乃是陳輝龍出版於一九八八年的散文集，全書的組構從裡到外：排版設計、插圖文字乃至寫作風格都非常性格，這些篇章的語言，像放在掌心一捏再捏，值得我們細嚼慢嚥，不敢相信這年的他才二十五歲，二十五歲的陳輝龍已經想很多，文學境地也走得很遠。我喜歡他在〈隔間書屋瑣意〉一文，寫及童年k城的日文書屋，男孩在裡面收穫了音樂、美術、故事等知識，筆調極其抒情，背景像是《照相簿子》的任何一張，那間書屋是否可以當成書房味道的某種前身呢？《彼昔景相》讀來，誠如書名語序，相當跳痛，頗爲拗口。有趣的是這些脫於正軌的語序語法，讓文字電光石火或者影視媒體般的閃閃爍爍，多年後讀來仍然感覺不舊反而很新。

當代台灣文學對於漢字藝術的大破壞與大建設，其實不乏先例，而箇中緣故可以上溯至東亞各國因著同文的關係，在資源共享漢字符號的前提之下，我們看到了文字的橫征暴斂（王文興的）、小兒痳痺體（七等生的）、乃至本土現代主義（舞鶴的）。此刻在我眼前的不啻是陳輝龍的「文字學」，陳輝龍的「詞與物」，陳輝龍的多媒（文）體。

歡迎來到書房味道，歡迎重新閱讀陳輝龍文學。離開林口晚上將近十點，夜色大降，我的腦袋「閃過一種念頭」，浮出一個句子：那是陳老師的

「今天天氣晴朗」，誰說晚上不能晴朗呢？這裡的晴朗是一種心情。遇見一間充滿故事的書店。a room: mega-stories。它是多麼令人歡喜。

009 鹿城一九八五

知文堂創藝書坊

週二 —— 週日：10:30 － 21:00

彰化縣福興鄉復興路 112 巷 3 號（鹿港國中旁）

不知是否因爲前天正是三月廿三媽祖生，到訪位於彰化縣福興鄉知文堂的這日仍能感受鬧熱的餘溫，我聽說媽祖生前後總是會落雨，而天色確實是陰陰暗暗的，現在空氣中聞得到金紙檀香，也聽得到鑼鼓聲響，卻又不能肯定這味道這聲音究竟是從哪傳來。是龍山寺還是天后宮的方向呢？知文堂創藝書坊的女主人秋玲姊說鹿港的風很大，也許風大以致讓一切失去邊際，分不出東南西北，同時也把人吹向鹿城的一九八五年。

一九八五年前後的台灣，終將解嚴的社會氣氛，街頭各種抗爭運動雲湧，這是我們記憶中的八〇年代。

一九八五年前後的鹿港，反杜邦運動如火如荼展開，開發與環境的問題成爲新聞議題，不知當年海風是否一如今天吹得讓人站不穩腳，那時鹿城濱海地區又是一片怎樣的風景？

「那一夜，回到鹿城，和你靜靜地走向海邊……」這文章答案般適時就浮現在我的眼前，當年秋玲姊參加中央日報文學獎的得獎之作，字裡行間盡是對人事對故鄉的密意濃情，不知爲何初見文章好像也有聲音也有味道，該是鹿港的香舖夾雜海風席捲而來的氣味？而背景定是一片鑼鼓聲響。文章局部此刻就浮印在知文堂的落地玻璃窗面，它像是楔子，替每個到訪知文堂的愛書人拉開一頁鹿城故事。

有趣的是，玻璃帷幕上面的句段，現在被設計成上下隔開的樣子，白色字體是拍岸浪花，本來是一篇散文，現在倒像一首現代詩了。中間空出的篇幅時常更換一些句子，到訪這天是法國詩人保爾・艾呂雅的：「我生來是爲了認識／爲了呼喊你的名字／自由」。其實本只是單獨的一節詩句，因爲夾在〈鹿城一九八五〉之中，整體又像是一篇新作了。念國小三年級的弟弟是知文堂值日生，牆上詩作就是他負責抄寫的，字寫起來歪歪斜斜很可愛，且不管是媽媽還是法國詩人大作當前，他也要揮灑自己的想法，於是又多補了幾筆，形成創意中有創意、文字中有文字、記憶中有記憶的特殊畫面。

「記憶裡的事總是和鹿城連在一起……」五年級世代的秋玲姊與凱鶴哥從前是鹿港國中相知相熟的一對戀人，分開多年之後兩人再度重逢，並於中年返鄉回到鹿城開設書店。我喜歡他們的故事，更

知文堂創藝書坊

巧的是書店就在母校不遠處，「人生像是一個圓圈」，凱鶴哥說，而這一切像是註定好的。

二○一五年十月知文堂開幕，書店空間本體前身是間鐵屋，書店進來是書區，有新書也有舊書，後半部是展場，許多講座課程就在這裡進行。值得注意的是，書店挑得很高，高處有塊透光方窗，發想來自鹿港常見的天井建築，天井怎麼飛到了鐵皮屋頂？這讓白天屋內

也能享受自然光線，光線此刻瀑布般直直打在我們訪談的空間，形成氛圍，倒也像一個在攝影棚內的現場錄訪了。不是嗎？值日生小弟弟拿著平板電腦不斷幫我們側拍，我猜想他是不是又在創作了？

小弟弟的畫作〈機器人大戰史前時代〉就與無數藝術作品並排牆上，成長於一個鼓勵創作的環境多麼令人羨慕，這當中自有秋玲姊與凱鶴哥對於人生藝術的各種體會。確

實知文堂從內到外盡是一家人的巧思美意：凱鶴哥專精於工藝與篆刻，店裡多數是他的作品，加上秋玲姊的文字、家人留下的舊式秤子、阿嬤的縫紉機……。凱鶴哥提及心中有美，自有定見；認爲美是從生活培養而起，我注意到生活是關鍵字。實則中年回鄉自是多了分人事的歷練與滄桑，如今回到最初的鹿港，想要認眞過好每一天。有趣的是，過去不曾想過派上用場的物與事，比如國中時期的畫作，現在因著知文堂出現而重新登場，並產生了意義——知文堂爲此一如記憶的展區了：收藏、分類、回收、展示秋玲姊與凱鶴哥兩位鹿城囝仔的鹿城故事。正如他們曾經中斷的愛情故事，三十年後又開啓了新頁，〈鹿城一九八五〉果眞完而未了，這命運怎麼說呢？

一九八五、一九九五、二〇〇五、二〇一五……昔時國中翹課約會的海提，現在是彰濱工業區，鹿港或許也已不是當年的鹿港，訪談結束走出知文堂，八方四面突然響起成串鞭炮，聲音仍然不知從哪裡傳飛來，鹿港的風很大，響度爲此更大，我想這是要獻給知文堂的祝福了。

010 岩畫：石店子69有機書店

週二 —— 週五 : 13:00 － 19:00
週六 —— 週日 : 10:00 － 19:00

新竹縣關西鎮中正路 69 號

可能是到訪石店子69有機書店前，先到網路收看老屋整修的實錄影片，提前在雲端世界重新參與整個改造過程，這使得當天真正走入書店，竟也有似曾相熟的感覺。似曾相似是重要的，那意味著你與空間確實存在某種關聯：比如那磚瓦的色塊、兩屋相通的窗戶、天然的亮度與採光、或者掛有蚊帳的小小閣樓。在69有機書店，你總會找到自己親近的一部分。

有趣的是，一進門我就偷偷注意到地上的粉筆盒了：紅的、白的、黃的……長短不一的粉筆，記得從前讀小學，黑板常見的粉筆色澤大概就屬這些顏色，沒想到會在有機書店撞見罕有的藍色、綠色與橘色。我記得以前但凡看到色調特殊的粉筆，總是異常欣喜，好像再複雜的數學算式，換上另支討喜的粉筆，寫出來也就不那麼恐怖了。粉筆約莫是多數朋友與石店子69有機書店相關聯的接點，你看土黃色牆面四處爬滿不同時期、不同訪客的作畫，這是留言版的概念嗎？你上次拿粉筆又是什麼時候呢？

問及老屋當初的修整哲學，書店主人盧哥親切地說：房子的記憶要被看見，以及保留它最原始的樣子。而仔細端詳地上牆上的塗鴉，幾何的線條或粗或細，有時只是抄一段話，寫一個字，它們岩畫般印在有機書店不同角落。岩畫──古時狩獵的場面、人與猛禽的互搏，日月星辰的變化，是生活紀錄也是歷史密碼的留在洞窟石壁，而我卻不知該如何稱呼眼前這些圖案符碼。它不是惡作劇，倒像具有某種寓意的創作，像是在記錄有機書店一路走來的心境變化。我看著牆上這些新的線條，有時就疊壓著舊的細條；有時過去的顏色尚未褪去，遂又變成下一個塗鴉者現有的底色。屋內塗鴉讓記憶要被看見的理念，發揮得淋漓盡致，而所謂保留它原始的樣子，其實也就是此刻它自自然然的樣子吧。

也許是有鑑於台灣教育過於壓抑孩童的創作能

力，有機書店的盧哥開放店內空間讓大孩子小孩子乾脆畫得過癮，書店空間為此也像一本立體的繪本，好巧的盧哥就說，店內流動最高的書籍即與兒童相關。在石店子 69 有機書店，你可以站著畫，也可以趴著畫，店裡販售的明信片，其中一張就留有孩童伏地作畫的身影，讓人想到「扎根」二字。你上次在地上塗鴉又是什麼時候？曾經你也有過如此大面積的畫布？

老屋塗鴉最最讓人印象深刻、清晰可辨的圖案是一棵小樹，它精巧可愛，靜靜縮在書店角落，像眞正從土色壁面抽芽生長出來的樣子，像整個書屋的七彩線條根本都是它的根鬚，讓人忍不住懷疑半夜它是否還在兀自生長。盧哥說，小樹是某個背包客留下來的，而它多麼精準演繹著有機書店的精神理念，活跳跳的，一切皆會持續的自然生長。我細細看著這些塗鴉，同時看到關西，也看到石店子69有機書店的過去與現在，未來呢？未來則在你手上的那隻粉筆。

這棟老屋已有百年歷史了，問盧哥爲什麼當初地點的選擇是關西？盧哥卻說是關西留住了我。從沒想過離台北不及一個鐘頭的地方，仍有足以讓人腳步放慢的小鎮。盧哥說也許更是因爲緣分吧！我以爲這其中自有盧哥對於工作步調與生活節奏的調適盤整，一如百年老屋的復甦新生，人與空間都重新出發了。因此書店雖有明定的開業時間，然平日住居在此的盧哥，作息實與關西居民同步了。有時早上七八點就開門，晚上也比預定的時間更晚閉戶。

盧哥說認識一個地方就從書店開始，除了現有的六十九號，隔壁六十七號的老街客棧，也稍晚於書店成立了。努力從點、線而面的打造一座藝術小鎮，是今後發展的理想藍圖。拜訪當天離開書店前，我發現店內的桌子特別眼熟，還有桌牌號碼。眼熟也是很重要的事，那意味著你與事物之間也存在著某種關聯，你要放慢腳步去觀察。一問之下才知是八方雲集的茶色餐桌，這個意象多麼巧妙，像是一個祝福：祝福書店書籍自四面湧來，人群亦從八方雲集。雲集在石店子坐著看書、或於騎樓望街發呆，或坐地上開心畫畫，說不定牆上小樹趁你不注意，又偷偷抽長了一下！如同此時此刻，你只是靜靜與小鎮共同吸吐、走路、說話，也就足矣。

沿著69有機書店向前走幾步路，會遇見一道斜坡，盧哥說這個地形顛簸之處，恰恰也是石店命名的由來之一。我就站在周五傍晚的街心，看著關西國中的學生，自下坡那端緩緩走了上來，金黃色的運動上衣多麼搶眼，這畫面像是一句小說的開頭，或電影分鏡，或岩畫的局部了。百年老街走著放學回家的關西孩子，時間它終於慢了下來。

011 夏至的黑泥：溪州農用書店

週二 — 週日：9:00 – 18:00

彰化縣溪州鄉溪州村復興路 50 號

不知你對「農用」二字最初的印象在哪裡。

我記得小學放課的接送時間，有個同學的阿公會開著一台小發財，發財車身的烤漆顏色，是鄉下少見的抹茶綠色，外觀看上去就像一台改裝娃娃車。

這位阿公分散在不同年級的孫子們，大概五六個，就在眾人目送下陸續跳上車的後斗；他們各個神色自信，吱吱笑著向四面八方揮手說再見，其中一個是我的同學。

這個畫面時常浮現在我的腦袋，它像小說開場或電影畫面，而記得這麼清楚，一來是我也很想搭上抹茶綠的發財仔；其次是發財仔沒有車牌，只用白色噴漆塗鴉歪歪扭扭的兩個字——農用。

我從來不曾跟同學確認，卻一直覺得「農用」是他寫的，農用二字噴得超大超狂，氣勢撼人，感覺像在作畫。

我在城市念書，許久不曾看過農用車了，在小說文本或文獻材料讀到與農業有關的知識，總會留下心神多看幾眼，我沒忘記自己是農家子弟，我想永遠跟土地站在一起。

來到彰化溪州農用書店正是夏至節氣，夏至是一年日照最長之日，大概是爲了讓我們看得夠久夠清楚。

農用書店成立於二〇一四年，木製招牌掛在路邊，我喜歡它把「農」字當作人形設計：兩隻眼睛是車輪，頭上戴著斗笠，黑色字體大概是熱日曝曬的膚色吧，看起來非常有精神。農用書店所在建物：成功旅社，從二〇一〇年左右，漸漸成爲在地重要藝文據點：舉辦諸如「成功旅社・百看溪州」、「溪州囍事之成功旅社之鬧洞房特展」、「成功旅社老家具・溪州尚水展」。多年下來儼然成爲另類學習空間，講述著溪州以及這塊土地的大小故事。

實則成功旅社，本身即是年近百年的老屋。這棟出生於一九二一年的老木屋，與台灣新文學的發軔近

乎同時。戰前建物曾經作爲醫院、百貨、旅社，戰後續作旅社之用，也曾當作診所。老屋的生命史本身就是一部溪洲史，可以想見從一九二一年以來，多少溪洲故事在此發生，多少人進出這個空間：醫病的、消費的、留宿的。現在出現農用書店，其實絕非偶然。

回過頭來講，台灣新文學自一九二〇年代以降，與「土地」有關的書寫即屬大宗，而我之於溪州的認識，其實

也從文學開始的：最早讀詩人吳晟的《吾鄉印象》、吳音寧的《江湖在哪裡》是大學時期的床頭書，他們像是大地詩人，文學的地勤，以濁水溪沖積而來的黑泥，寫出如夏至般高溫且續航力十足的文字。這也是我想走的路。之前看蔡逸君的《跟我一起走》，當年他行腳台灣，同時徒步走回故鄉，路過溪州時他寫著：「這是我走得最慢的一段」。走得夠慢，才能看得清楚，或者只是不那麼快了。進入溪州這日，我也轉成小鎮模式，才想起自己也很久沒有回家了。

傍晚五點，我就與年輕的店長宛萍在小鎮旅社聊起農用書店，這也是從前我阿公阿嬤下田回家的時間，而宛萍確實剛從田裡回來。

宛萍說書店空間本身是個平台，它是一個介面，啓引對農業感到興趣的人前來，無論是從土地走進書本，或者從書本走向土地。宛萍說：「每塊土地的狀況都不一樣」。這是身在田野才能講出的金句，像是在告訴我們：每塊土地都有自己的語言、故事、表情。人有名號，地也有地號。

農用書店即是將「農」的知識空間化，而農用知識來自經驗累積，這是一門活生生的學問，它存在於口耳相傳與技術傳承之間，也存在於紙本印刷與文字記錄之間，宛萍特別重視實踐的過程，也就是親身履及的概念。訪問過程，我的思路不停被帶回自身居住的農村，想起從前在農藥店玩捉迷藏，在農會看《豐年》雜誌，以及跟隨我阿公四處參觀肥料工廠的回憶。這是農用書店的魅力所在了，你知道你不能騰空行走，你知道腳下踩的到底就是土地。

農用書店有張大事年表，它像測量身高的壁紙貼在牆面，其中一條：一九五五年台灣製糖總公司，將部分辦公處室移至中部溪洲，這讓我想起以前在圖書館看《台糖通訊》，難怪不時就有溪州的報導訊息，《台糖通訊》發行時間與發行數量其實相當可觀，它像是一部農業史與糖業史，在歷史的縫隙中我們又看到當年的溪州，也認識當時的台灣。

目前書店空間展示不少文學書籍，同時販售不少農產品。食物與讀物一樣重要，它們慎重地被擺在一起。一樓同時也是尚水農產的辦公處室，二樓旅社狀況保持良好，仍能看出昔時的隔間，目前完全開放給訪客參觀。走在成功旅社我也在想：在你的心中，如何搭建

黃金雪花片
300 元

一間農用書店？你將怎樣布置、擺設與規劃，你又將賦予它怎樣的形貌？來到店內的人是誰、他們翻閱的書，會談論的事。上述種種組構生成的知識景觀又是什麼模樣？這像是宛萍告訴我的道理了，她指出對於建物本體的空間想像，其實是一個「它是什麼」到「可以是什麼」的轉變過程，而農用與知識之間關係大概也在此吧：它廣袤可以沒有設限、沒有邊界。

走出溪州農用書店，特別懷念從前赤腳踩在泥地的日子，那也是尚水的日子，嘴裡唸起吳晟的詩〈我不和你談論〉：「我不想和你談論社會／不和你談論那些痛徹心肺的爭奪／請離開書房」。

這天是夏至，白日特長特亮，我不和你談論，我就要去廣袤的田野！去找那抹茶綠的農用車！去看那遍處的幼苗！觸摸清涼的濁水溪水！

成功旅社
2-3
後門

012

北台南

曬書店

週二 — 週日：13:00 — 21:00

台南市新營區中山路 93-2 號 2 樓

來到新營的曬書店，記得帶張名片當紀念，不只是紀念，這紙面其實藏著許多漢字語言的奧秘。爲什麼取名叫曬？曬字除了借用英文 site 的發音，更與張文彬大哥想以書店當節點，爲新營做一點事的理念相關。曬字也與日照密不可分，南部陽光又是免費的，一路從車站走至中山路，沿路就有人曬衣、曬被、曬高麗菜、曬鍋碗瓢盆，借問還有什麼可以曬？日

照陽光無處不在，曬的意象便無處不在，這又與 site 深根地方，織成一面藝文網絡的初衷遙相呼應了。仔細端詳曬書店的名片，上頭印著：「看冊食茶聽演講話仙遊覽買土產」。這要用台語來唸，唸出聲音才發現是首有韻的小詩。原來名片也可以藏詩。

我喜歡「話仙」兩字。它指的是健談能聊、也愛聊的人，當作動詞差不多就是開講，詼諧一點就是畫唬爛的意思。當作名詞更是討喜，因能聊愛聊而成仙，我覺得它是個敬詞，有褒而沒有貶。我從小喜歡講話，學校教育從前卻是不鼓勵學生多話發言的，遂將說話慾望壓抑得徹徹底底；我也愛聽人講話，生命中遇過的話仙多數出現在廟口、市集，榕樹下，或民意代表服務處，有茶几、瓜子、老人茶的地方，小說中的話仙大概就屬黃春明筆下的「現此時先生」了，他們都是活跳跳的故事家。我常覺得能把話說出來、到說清楚，乃至於說得生動鮮趣又有節奏起伏，其過程與寫

作是很相似的；或者學習寫作與學習說話根本是同一件事，而曾經我們都是老師問話，台下集體沉默、不敢發言的人。

我手上拿著這張國語、台語、英語混搭而成的名片；走進書店才發現空間內部本身也是十分的拼貼。關於site：它還有位置、場所、地點、現場的意思，可以感受其中強烈的空間感。確實來曬書店，很難不被它的隔間給吸引：除了復古的碰溢（沙發）、木桌椅、木窗櫺擺設，最引人注意的是無處不在的花磚。曬書店的主體空間位在二三樓：二樓是書區，三樓是展區，每層樓的格局又相互打通，現在唯一能讓你辨識舊有室內設計的，大概也是地上紋路繁複多變的花磚了。張大哥提及原址前身曾是旅社、診所、餐廳、汽車美容……老屋歷史有多久，地面花磚便有多久，這花是有歷史的。花磚的紋路、線條、色澤，在某個年代曾是美的象徵；花磚如果是一間房子的表情符號，曬書店內給人的感受定是熱情的，因整間店都在行光合作用：地上有花，一本本攤開的書冊也是一朵朵的花，爲此走進曬書店除了看冊食茶聽演講，其實也是遊賞百花了。

近年台南成爲一門顯學。台南正夯，焦點大多集中府城一帶，然舊制農業縣台南其實有三十一個鄉鎮市，台南還很豐富。新營位處北方，算是北台南，往上就是嘉義。二〇一〇年縣市合併過後，作爲台南縣政府所在地的新營市，不得不面臨繁華重心轉移的挑戰。從新營市到新營區，它是變大還是變小？這個答案尚待解題，卻催生而出了一間曬書店。曬書店以販售新書爲主，然有個小櫃陳設許多台南縣時期的文化局出版物，比如南瀛作家作品集、南瀛文學獎作品集……台南縣如果是個歷史名詞，這些公務部門的出版物自有它的新的意義與價值，它特別適合拿來「重讀」。張大哥說曬書店也將製作一份在地刊物，想要

串聯更多新營在地人才，其中就有不少莘莘學子。

成長於台南縣，我是看「南瀛文獻叢書」長大的孩子，作爲行政中心的新營，對我來說並不陌生。幾乎從小到大所有考試競賽都在新營舉行，這裡學校特多，時常拿來當考場：學測是在新營高工考的，指考在新營高中，有年參加奧林匹亞數學競賽也在新營。印象最深的該是演講比賽，我在學校是不敢發言的人，卻莫名其妙擠到了總決賽，印象中比賽主題與治安維護有關，記得地點是個超大禮堂，台下坐滿台南縣各級小學海選而出的高手，他們是不是話仙呢！即興演講之外，還有個機智問答，是臨時抽題的。我的題目是如果接到陌生人來電，請問你要怎麼辦？我忘記是在參加演講，把它當成簡答題回應。我說：就是掛掉啊。現場一片哄堂大笑！我也跟著笑。

新營曾是行政重心，事實上新營糖廠更是南部糖業的重鎮之一，距離曬書店不遠的地方有條廢棄的糖

鐵軌道，我不知它要通向何處？你有發現它了嗎？廢棄鐵道多麼迷人，讓我想起以前父親常告訴我，故鄉大內也有小火車，終點站就是新營。這又是一個關於site的故事了‥夏日南部的陽光正炙，甘蔗林的外邊還有甘蔗林、還有甘蔗林……。有多少台滿載的小火車正從東西南北方向往新營回流？是不是許多年前，就有一台小火車，車身一節串著一節，時間大概就是今天來到新營的下午三點，它正經過曬書店。

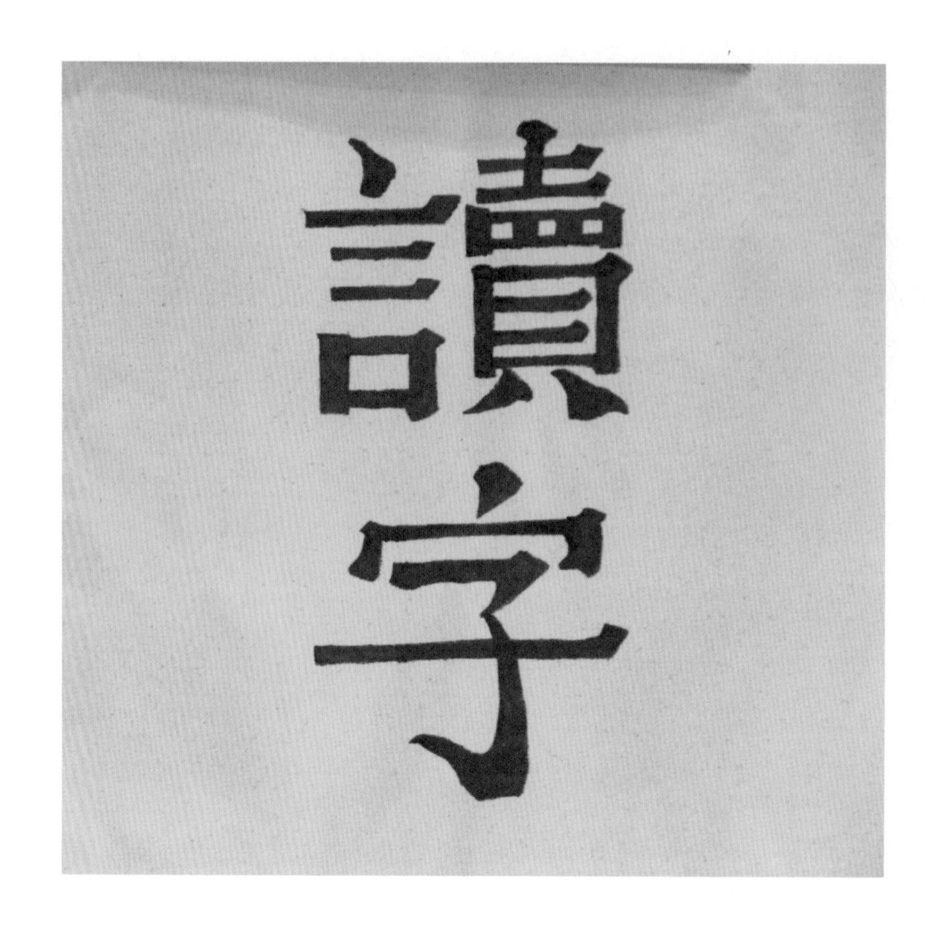

013

天花板：

讀字書店

週三 — 週日：14:00 – 24:00

桃園市桃園區桃二街 6 號

那日從讀字書店回來，前後不知跟幾位喜愛創作的學生推薦，我跟他們說：「天啊！你們要去讀字，你們會喜歡！」

我自己也很尬意。

位於桃二街的讀字書店，成立於二〇一五年十月，讀字書店的命名由來一則延續了國際書展「讀字去旅行」的概念精神，二則它有獨自閱讀、讀字探索的音義轉化。

那日我是從北車搭乘區間南下桃園的，剛

好是細讀一篇短篇小說的車程，我在車上讀字，也在前往讀字的復興路、春日路讀字。轉入桃二街口，細心的你一眼就撞見天上的「床」、地上的「慢」，以及那無所不在的店招指牌。其實我們無時無刻不藉由字去解讀、翻譯、詮釋這個世界，卻也被字給解讀、翻譯、詮釋掉了。

沿途這些散落字句，隱隱約約正在你的腦海形成一串敘事，如同蜜與蟻的關係你捨不得丟，又怕未及落實就消失了。大概這就是所謂的靈感來了。這時我的習慣是火速拿出小本本寫下觀察，或者拿出手機截圖拍照。一定要記下來。

來到讀字書店，你的語言知覺與美感神經會變得非常敏銳，因爲「文學」的定義在這裡被鬆動了：文學是你的想像力得以抵達的那個地方，文學可以是數學、地理、歷史、音樂。文學可以是天花板。

天花板？那日走進讀字，創作慾就被挑起來。和店長正偉坐在角落談著讀字營運的半年發展，正偉說書店空間本來想走工業風的，然各種緣故變成現在的樣子，現在什麼樣子？嘿！你來就是了！其實談話過程，我的眼神不斷飄至天篷頂端。天啊！你們天花板好時尚，可以送我一片嗎！這常見的輕鋼架，上的是黑到發金的漆色，爲此這方格那方格，就像飛到天上的電腦鍵盤，鍵面是黑的，因爲沒有任何紋飾，每一格也是等你發想的空白格。

這讓我想起放在心中多年的計畫。有次筆電被《說文解字》砸中，鍵盤那枚寫著「w ㄊ田」的黑鍵瞬間彈飛，少了一個按鍵，打字工作立刻耽誤。事情說來有點落漆、滑稽，卻意外動念想要爲自己設計一款鍵盤，上面的符號又該怎樣排列組合呢。

有些人會認床、認枕、認馬桶，我發現自己會認鍵盤。從小到大使用過的電腦七八台。奇怪的是主機不在，螢幕不在了，鍵盤本人卻還在。「鍵盤可以用

啊！」、「鍵盤又沒壞。」眞的，我常在倉庫角落，或者書櫃底層，看到不同年代的鍵盤，口風琴般地擱在一邊，讓人以爲是一種樂器。鍵盤也是一種樂器吧。我喜歡看人打字，或者辨識打字的聲音。好像打字也是寫作的一部分。寫作包含打字的力道、速度、姿勢，以及鍵盤材質屬性。

　思緒跑得這麼遙遠，這正是讀字書店魅力之一，語言規範被打散，靈感如同土石流般地滾滾而下。讀字書店特色之二，即是展售許多獨立出版的專業製作，邊看邊嘆眞是太有才！我想到學校教育有個名稱叫「術科」，術科有專屬教室：美術、音樂、家政，文學教育是否需要專屬空間呢？如果文學課程要到戶外教學？我想就是要來讀字書店。身處在這大數據的年代，我們每天的閱讀劑量未必較之從前的少，然而「短訊微信」與「文長勿入」之間的距離又是什麼？我常想起自己的文學啓蒙，並非某一篇文或某一本書，文學啓蒙於我更是對於「語言」的自覺，這當中詩的閱讀又扮演重要的角色。詩集在讀字是強項。

關於讀字書店的空間設計，內面坪數三十，建物前身是個文教機構，這裡以前就是家長小孩常來的地方。我很喜歡書店將原本茶褐顏色的鋁門外框，漆成現在的紅色，這是哪種紅？像是信紙格紋或書法宣紙的格狀紋路，只是比較粗勇，比較大方。正偉說店內擺設是活動式的，那個圓桌一眼就認出是從國際書展移駕回來。原本我試著捕捉內部空間的擺放邏輯，正偉則說書店每個月都長得不一樣啦。我喜歡這句話。好像整間書屋就是創作現場。書櫃調動一如意象調動，而廊道的動線設計，就是敘事軸線了。

半年來，讀字書店正在發展屬於讀字的詩學。營業時間從下午兩點至午夜十二點，加上位在巷內，外頭經過的人常是下課學童、趕去黃昏市場的媽媽，六點左右會出現垃圾車，然後是跑補習班的家長小孩，再晚一點是加班歸來的上班族與勞動者，更晚的話，大概就是略有心事的人了。書店日常就是社區日常，附近住戶曾向正偉分享，看到書店燈光亮便讓人感到安心，這是視覺上的；你讀字會發出聲音嗎？或者放在內心默讀。不知爲何，我會留意別人初初拿到文字資料的反應，我自己遇到電器說明或遊戲規則，沒唸出來就讀不太懂，好像聲音也是內容的一部分。其實

讀字的時候，就是與自己獨處的時候，安安靜靜很大聲，這是聽覺上的。

目前讀字的選書以文學、社會運動與性別議題的爲主，書量甚豐。我在書店買走一本假牙的《我的青春小鳥》，一本陳舜臣的《青雲之軸》，臨櫃看到正偉細心替書穿上衣服，入夜天氣變涼了，那是讀字特有的書衣，我想起幼年替阿嬤拆中藥的日子，「拆」字多麼傳神，這才明白書籍也許是一種藥材，而閱讀是一帖解救心靈的良方。

014 草屯的孩子：三省堂書店

週一 —— 週日：08:00 — 21:30

南投縣草屯鎮中正路 680 號

「人有二手，一手五指，兩手十指，指有節，能屈伸。你來我來，來來去去，同去同行……」

從沒想過早上十點會出現在草屯三省堂書店的二樓雅座；更沒想過如此幸運，得以親耳聽到戰後漢文教材的原音重現，這是三省堂大家長洪介山爲我開設的一日語言課程，而我手忙腳亂，就怕漏掉半字半句，像聽力測驗的火速猜字謄錄。字寫得很草，寫錯了洪老先生立刻爲我校字。

現已年逾八十的他，讀小學那年正值二次大戰最爲激烈、空襲最爲密集的階段。而後日人投降，進行中的日文教育突然中斷，在青黃不接的接收初期，洪介山說上課教材變成漢文：三字經、千字文……念的卻是台語。很快國語推行委員會成立了，學校又開始進行ㄅㄆㄇㄈ的教育。這是一九四五年左右，許多正在念書的台灣孩子，共同走進又走出的歷史現場。對於短短幾年歷經日文、漢文、國語的密集訓練，洪老先生是很有感觸的。

這段課文其實很有趣。「指有節，能屈伸」用台語唸起來超霸氣，可以拿來當成勵志小語，我更喜歡洪老先生邊念手指邊數支的神情，尤其在這自在舒適的草屯小鎮，陽光灑在全新裝潢的書店空間，我忽然發現這篇課文像是突然長出了插圖——插圖應該是窗外的中正街景吧，隱隱約約看到有間名爲三省堂的書店，

三省堂
San hsing tang
三省堂書店
SAN HSING TANG BOOK STORE
三省堂圖書咖啡
三省堂圖書咖啡

它開在現今店址的對邊，懷舊的泛黃的底色，石子路上走著你來我來，來來去去的草屯孩子。同去同行是什麼意思呢？我的解釋是：三省堂與草屯同去同行六十多年了。

三省堂開業於一九五〇年代中期，最初是連著騎樓約莫十坪大的空間，店名是洪介山的國文老師所命名的。洪介山當年沒有繼續升大學，開設書店的一個原因，便是想要提供孩子一個好的讀書環

境。洪介山的子女後來都學業有成，事有專精，原來一間書店也暗藏一位父親的用心。洪介山的兒子洪煜哲說捨不得把書店收掉，而我感受到的，更像是兒子也不捨得父親會捨不得。於是重新接手，嘗試轉型，其傳承的是經驗的更是情感的。

坐落草屯中正路口邊間的三省堂，外觀相當霸氣醒目，同條路上還有許多大型連鎖店家，可以說是小鎮黃金店面。現在書店內部動線規劃清楚，活動空間寬敞舒適。一樓賣書，二樓賣文具，並增設閱讀區，三樓則是動漫與文創產品。閱讀區是獨立出來的咖啡區域，其中一面書架不定時更換店內多年來的藏書，未來也試著規劃展示南投作家的作品。我首先想到的其實是張深切，念過草鞋墩公學校，也就是現在的草屯國小，大正十四年曾經組織草屯炎峰青年會演劇團，日後在台灣藝文推動的工作方面，可說具有重要貢獻。不禁令人懷想：張深切身處的草屯，日治時期的藝文環境究竟如何？當時中正路又是什麼模樣？台灣小孩看書買書又去哪裡？洪煜哲說，回來草屯經營書店，主要也是想提供一個孩子可以去、而家長也安心的地方，這像是延續父親開店的初衷理念了。如今他將初衷理念，擴及至更多草屯孩子的身上，周末三省堂漸漸成爲許多在地學子念書交流的去處。我的腦海不斷想著這句「孩子可以去的地方」、想到洪老先生朗讀的課文，想起課文的插圖除了街景、建物，漸漸也有了行人出沒。是在這亞熱帶台灣的中部小鎮，一個吹著南風而飄高溫的下晡日，路上閒著晃著的行人是要去哪呢？

我出生的小鎮並不算鎮，曾經沒有大型連鎖商店。放學回家，孩子可以去的地方其實還是學校：我們不是才剛從教室奔出來嗎？最常在街上閒晃，也不稱上街，就是一些雜貨店、公車站、五金行、農具行、農藥行、中藥店……單車騎著不停在村子打轉。我騎到哪都會撞見送信的郵差，遇到派出所的管區ㄝ。從小我就有類似的疑問：我還可以去哪裡？通常是離家不遠，位在菜場邊的文具鋪，沒買東西單純逛逛也不會感覺拍謝，總會遇到許多同樣閒晃的同學，身上仍然穿著學校服裝，腳上一定是拖鞋。文具鋪並不大，五六個同時出現的機率很多，這是孩子可以安心、靜心探索的所在，我們就像在開同樂會，熱烈討論要買一些什麼。

三省堂書店現在也在小鎮開設日語課程了，老闆即是老師，教室就是二樓的咖啡區，而飲品費就是上課費，學生不分年齡，男女老少共同在此學習。三省堂從原本的騎樓冊店、變成學生讀書中心與語言教室。我想到這也是社會邁向高齡、人口老化的年代，然老化的豈止是人？老學校、老建物、老社區，還有老書店。老書店如今成爲草屯的大孩子小孩子都愛來的地方，這是南投的三省堂。

015 碉堡與文體：刺鳥咖啡獨立書店

週一 — 週日：13:00 – 17:30

連江縣南竿鄉復興村 222 號

設若馬祖是個巨大文本，那麼寫在四鄉五島的標語口號，即是它的文字內容。它該是一種怎樣的文體呢？馬祖是個標語島：枕戈待旦、還我河山、軍紀似鐵、克敵制勝、敬軍愛民……這些大字作爲精神喊話與心戰文宣，曾經陽光空氣水般形影不離，它像馬祖的表情，戰地的心情，在不同歷史脈絡你能讀出不同意義。

刺鳥咖啡書店戶外的岩壁，也有一組標語，

隱隱約約能以辨識，它寫著「鼓浪聽濤」，如此浪漫的標語倒是初次看到，或者鼓浪聽濤是一種戰爭修辭，看似安靜實是危機四伏，那是誰留下的字呢？現今它在作爲刺鳥咖啡的么兩據點，恰如其分，又十分應景，因爲這裡適合鼓浪聽濤、閱讀、思索、獨坐。

曾任連江縣文化局長，二〇一五年，曹以雄老師在南竿鄉復興村，成立馬祖首家獨立書店：刺鳥。這天下了南竿機場，你騎著租賃的機車來找書店。機車店在縣政府附近，迎面一座巨大陡坡等在眼前，這是挑戰。你不確定刺鳥在哪，卻執意出發。么兩據點在哪裡？繞過縣議會，路越走越窄；你也不確定等在眼前的是不是路，依舊堅持向前，主動出擊，堅忍不拔。這是毋忘在莒七大精神。就在上下穿越，或機車或徒步過後，迷彩外觀的刺鳥書店已然在望，它懸在海崖。

昔日的軍事碉堡成爲藝文空間，我們該如何想像，在數十年前它曾是森嚴肅殺的所在？前後整理將近七八個月，我覺得曹老師要我們思考的，其實是一種存在的身姿，處世的哲學，生命的狀態。所以眼前的刺鳥不只是一間書店，它正以碉堡、地道、書屋、住宿，乃至各種空間形式，演繹著曹老師的刺鳥美學。刺鳥以殉身方式尋找至美的瞬間，這樣的身姿在碉堡基地，其實亦有幾分戰爭色彩；或者作爲經典文學的《刺鳥》，更是在地與世界的一個接點。從曹老師的對話當中，你還學到了一個道理：即是從馬祖看向世界。刺鳥以殉身方式換取生命天籟，在大毀滅之後換來大美麗，其文化底蘊卻是扎根於馬祖地理的，也是曹老師這個世代的。來到刺鳥，你漸漸讀到曹老師從過去到現在的感悟種種：關於聚落保存、歷史記憶、人文復甦。

說曹老師是存在主義的一代實不爲過。書店一樓便藏有不少的哲學書籍，文史藝術類特多，亦有馬祖相關的研究讀物。你看了幾本文化局的出版品，對於

標語身世尤其感到興趣。這些刻印在字碼背後的故事，值得深究考掘，這些字碼兵一般的在島上各個角落閃現，馬祖地理的皺褶是它的冊頁，這島也是一本軍事字典。

眞正走進刺鳥書店，不難被眼前海景吸引，時而船隻經過，時而一片祥和。方形大窗像是天然畫框，你像是在看一幅流動的畫作，以海流以船隻爲背景。或者你才是畫作的內容，你是海上漁民眼中的一幅

靜定的寫生，背景以碉堡以植被。坐在窗邊能夠看多遠？遠方的島嶼是哪裡？談話過程中，曹老師常跟我說自在一點、輕鬆一點。確實走進碉堡，你有點緊張。然而書店空間是再自在不過了！

來到刺鳥適合思考，適合與峭壁對話，與海口對話。當你跟隨曹老師走在喚作托爾斯泰的地道走廊，盡處是一個射擊點，牆上字眼心驚怵目，依稀可以辨識出的字跡是殲滅、封鎖。

値得注意的是，刺鳥書店將軍事空間藝文化，藝文化卻非均質化，而是帶入曹老師的美學視野與生命關照，使其形成獨一無二的么兩據點。爲此走進刺鳥，你是讀到了戰區馬祖的歷史敘事，也讀到曹老師的心靈語言。

歷經前往台灣而後返馬的生命歷程，曹老師作爲長成於冷戰一代的馬祖青年，回鄉之後當過縣議員、文化局長，對於馬祖人文歷史的保存工作，可謂不遺餘力。曹老師說，影響他最深的一套書是《漢聲》雜誌的「長住台灣」，現場就搬出一套《漢聲》。「長住台灣」系列從一九九五年一月至一九九五年四月，雜誌以四期規模探討聚落保存與社區發展的各項議題。如今重看仍是擲地有聲，得以作爲當代區域發展的必讀經典。

實則做爲一種搶救、保存與再製的詩學，《漢聲》雜誌創刊於一九七八年，其前身是創刊於一九七一年的英文版漢聲誌（Echo of Things Chinese），我在不少獨立書店，皆有零零星星看到《漢聲》雜誌各期的身影。而「長住台灣」深刻影響曹老師一代，在你眼前的這個刺鳥故事，未嘗不也是一個從「長住台灣」到「長住馬祖」的實踐過程。

這麼多年以來，曹老師方方面面關注聚落保存，這天同時爲你分享過去從政的文宣DM，這大概是你看過最富人文氣息的文案，其中一篇文字，以抒情方式向人民述說理想願景，卻謙稱只是獨白。然而獨白多麼重要，獨白文字來自大量沉思，獨白也是自己與自己的對白，那曾是獻給馬祖人民土地的自白，多麼幸運你得以親身聆聽。

極富哲思、學識豐沛的曹老師說，像刺鳥這樣的軍事據點，數量在馬祖仍有很多，希盼未來空間更加活化。每個據點看來都一樣，每個據點其實不一樣。換言之，差異性與風格化是重要的，一如刺鳥本身即是在規範化、制度化、一體化的格局紀律之中，帶入個人體悟，重新脫化成爲新的所在。每個碉堡都該活出自己的風格，長出自己的身體，那是專屬於碉堡的文體，寫著自己的標語，說著自己的語言。

書店有本馬祖文學獎作品集，我學到一個新詞叫做「卡蹓」，馬祖寫的是漢字，說的是福州語，卡蹓就是閒逛遊玩，台語約莫就是**𨑨迌**的意思。如何在軍事前線卡蹓呢？我覺得卡蹓兩字的運用，尤能體現近年馬祖地貌景觀的各種轉變，一種從舊到新的摸索過程：新的肢體語言、新的語言風貌、新的生活方式。

昔日的戰火終於遠離，昔日的標語歷歷在目，昔日的士兵將要除役，昔日的少年已然歸來。曹老師的刺鳥故事多麼迷人，它將繼續爲人歌頌：「整個世界都在悄然聆聽，連上帝也在蒼穹中微笑。」

016

借書卡：旅二手概念書店

週一 — 週日：12:00 – 21:00（週二公休）

宜蘭市宜蘭市神農路一段 1 號
宜蘭大學側門（宜大郵局旁 靠農權路）

「有沒有想過，手邊的舊書往往來自你從來就不認識的人；身旁的新書也可能即將前往你從來沒有去過的地方，書的旅程可能就在不同的時空、不同的讀者之中發揮了某種偉大或微弱的價值……」

這段文字自我介紹般印在一張背景有著太平洋、龜山島的海報，它就靜靜站在旅二手概念書店的入口處，像是一則又慎重又珍貴的告示。它清楚明白告訴你

什麼叫做「旅」。其實翻開辭典，關於旅的造詞可以是旅行、旅遊、旅館、旅居，它與移動尤其相關。也許正是著眼書籍本身的流通特質——因爲我們永遠不知道這本書從何而來，更無法預言它將傳至何處——所以有了「旅」。都說書的命運有時比人的命運曲折，現在想想，這句話也是非常「旅」的style的。

是的，這裡是宜蘭、宜蘭大學、宜蘭大學的

經德大樓。旅二手概念書店的空間其實隸屬宜蘭大學，所以書店地址也是宜大的校址。書店前身則是一間實驗室，不知從前學生都在這裡進行怎樣的精密試煉。開書店本身算不算一種實驗？店長 Vincent 說，書店成立其實歷經三年時間的長備，爾後空間各項設計亦都全程參與，現在的樣子與想像中的相去不遠。實驗它需要一連串的籌畫，然 Vincent 的精神又比實驗更多一點：他想回饋這個從小住到大的社區，並嘗試爲這個地方做一些什麼。

Vincent 是在地出生宜蘭囝仔！二〇一四年重返故鄉在宜大開設「旅」，其實書店附近盡是從小至大摸熟的區域：隔著一條農權路即是復興國中，這間學校也是 Vincent 的中學母校；鄰近文化中心則是少年時期追星的所在，算一算，其實旅二手概念書店坐落宜蘭文教的精華地帶。

爲什麼選擇回到故鄉，與爲什麼選擇開書

店，有時是同一個問題。Vincent 提及，也許是於對於生命的歸納與重整，從而進一步去正視內心的聲音，什麼是自己眞正想做的事？而又能兼及自己的能力專業？是這樣的思索、沉澱與長考的結果，逐漸形塑而出的答案，最後竟是一間書店的樣子。整理書店一如整理自我，而書店的形狀原來可以是生命的形狀，且是一間方形的教室。

置身旅二手概念書店，很難忽略它濃濃散發出來的校園氣味。到訪這天是個上課日，我坐在小學生的課桌椅，視線高度剛好抵達窗外復興國中的操場。Vincent 回憶說，這一帶以前是有圍牆的，此刻卻能清楚看到男學生女學生在奔跑追逐。他們都是 Vincent 的學弟妹。在母校旁邊開設書店的感覺是什麼呢？這個問題忘記問了！然書店主人原來是我們的大學長，這又讓書店空間曾經作爲教室的歷史意義，不知不覺又多了一個層次。

此外書店本身在地風格特別強悍，現在店內座位採用的是冬山國小的課桌椅，店內一角的宜蘭專櫃，則同時展示不少本地作家作品。其實最引起我注意的是大小規格不一、數量不多不少的校刊。但見現場即有蘭陽女中的《蘭園》、光復國小的《光復兒童》、中山國小的《中山兒童》、《礁溪兒童》、《羅東囝仔》、《宜中青年》……我看得津津有味，校刊售出機率也許不高，覺得放在地方出版專櫃卻是恰如其分，十分到位！一問之下才知Vincent從前是宜蘭高中校刊社，對於校刊自然多了一分特殊情感。我心想這些校刊一點都不輸架上的宜蘭作家，無論放在學校史、社區史、宜蘭史的發展脈絡都極具閱讀價值——因爲：從以前到現在，宜蘭的小孩都寫什麼？宜蘭的小孩在想什麼？會不會剛好就有個曾經投稿的男學生女學生，多年後竟在書店與自己的青澀文字再相逢？這難道不也是一種旅的概念？校刊關注的主題、援用的意象、流行的用語，是否也隨著宜蘭開發而有所不同？而你還記得最後一本擁有的校刊，此刻它放在哪呢？

就在宜蘭專櫃的邊邊角角，黏著一張借書卡，它的外觀討喜可愛，不知爲何竟獨自棲身在牆上。什麼是借書卡？它通常固定於書冊的最後一頁，牛皮紙質的方型口袋，塞著一張白色的硬紙。在我眼前這張寫著宜蘭中山國小，應該是出自中山國小的圖書室，書卡所繫的書名叫做《台灣的歷史》，手寫的字跡有點童趣，好奇當年是哪位小小管理員的筆跡。

它靜靜地也與書櫃合爲一體，好像書櫃整個就是一本書，一本叫做《台灣的歷史》的書。我喜歡觀察借書卡，借書卡記錄著一本書被閱讀的歷史，從以前到現在，它曾途經多少不同讀者的手中？這張書卡不啻在店內呼喊著店外的海報文字了——書

卡述說的是一本書的借閱史，同時也是一本書的行旅史，每張書卡遂都是一個「旅」字的化身，讓人忍不住想要將它買回家。

017 杉行街回頭：

這一天他到美市街買鳥食，與店家多談了兩句，出門時天已黑盡，記憶中的巷道被切割地面目全非，寄生佇立杉行街口，一時之間記不起龍山寺的方向，他迷路了。

——施叔青《三世人》

書集囍室

週三 — 週日：11:00 — 17:30

彰化縣鹿港鎮杉行街 20 號

這是施叔青台灣三部曲的終篇，小說人物之一的寄生，身處殖民地時期的鹿港，他經歷了乙未割台的巨變，面對身體心靈的震撼，熟悉的故鄉正在變化當中，當時市區改制正如火如荼進行，全島都在天翻地覆的變化，那是一九三〇年代，等在寄生眼前的是一個新的鹿港，也是舊的鹿港。

我也站立杉行街口，二〇一六，眼前是一個新的鹿港也是舊的鹿港。我正出發杉行街上的書集囍室，不知是否會遇見當年踟躕街口的寄生呢？我想邀請他一起來。他一定走過這棟蓋於昭和六年的建物，在寄生的年代，鄭屋只是一棟甫落成的新屋，如今已是年近八十的老宅。

當文學與歷史交會於一條街、一棟老屋，你會看見什麼？都說文學有時比歷史真實，而從鹿港的文學想像出發，你的視線是小說的、是歷史的、也是地理的，你所看見的鹿港比真實更真實，文學的力量大概就是在此。

那日來到書集囍室是中午十二點，走進屋內一眼望見滿牆的書——「書籍」永遠是囍室的主體，書店主人黃大哥說。非假日的午後，我以爲也是最宜走入鹿港袖口般的巷弄的時刻：鄰家傳來的問候、交談與新聞，以及黃大哥與我的談話，都自自然然融入這條街，家常的感覺就是這樣吧。

一走進書集囍室就是書區了。站在書牆前面，人的心情會瞬間安

定下來了。書的隔層是當初翻修老屋剩餘的建材，我覺得這些建材也是「書」，它們只是以另種形式展現在屋內，卻同樣值得細讀。也許是樓井建築的關係，視線被挑得很高，知識縱深遂也被拉地更深刻；也許是腳下踩的紅磚特別古意，心底突然升起一股肅然，像是整個人從內到外都踏實起來，所謂心頭抓得更穩，大概也是這種感覺。

囍室藏書以人文學科爲大宗：文學歷史、

社會學、人類學。新書舊書都有。我在筆記本上寫下「書集囍室」四個字，發現無論直排、橫排都相當好看，像是塗印漢字的甜點糕餅，也像篆刻範例，而且是紅色字，看起來特吉祥。書集與囍室是兩組具有空間意象的新詞，換言之，空間是認識書集囍室的關鍵詞。

黃大哥提及老屋修復的精神理念。首先我們必須重視它本來的樣子，也就是重視屋子本身的歷史：包括屋子本身的生命史，以及屋子與在地的交會史，人在其中的生活史。依循這樣的脈絡思考，屋子一來除了保留既有樣貌，同時也會注入當代精神，換言之，適合現在生活是重要的。

黃大哥亦提及，一棟屋子的各種設計，都在反映當代人的生活方式，這裡的當代，自然也是歷史的，所以古井、天井、防空洞並非個別存在於囍室，它在不同歷史階段，曾扮演不同的角色，它並沒有消失，只是以另種形式呈現在我們的眼前。也就是說，空間的歷史化卻不代表空間的古蹟化，人走在其中像是穿越歷史，卻也走入當代，一如我從《三世人》走到了杉行街。

因此在書集囍室：當你讀到通風的歷史，就是讀到鹿港風向與空氣的歷史；你讀到採光的歷史，就是鹿港日曬與照明的歷史——時間的呈現於日常細節的感官捕捉，在這裡每種體會都是活生生的，它很抽象也很具體，因爲這老屋仍在呼吸，而光與影的變化就是它的面目表情。我覺得書集囍室正向我們展示一棟老屋修復的詩學，拆屋消息不停傳來的當今此際，囍室的存在尤其值得我們學習。

書店主人黃大哥是福興鄉人，他提及念高中時期，早年鹿港書店甚多，這些年變化太大了，心底希盼再見鹿港文風繁盛一日的到來。如今中年與妻子返回熟悉的故鄉，黃大哥說，他特別喜歡鹿港的巷子，杉行街也是從小就熟悉的地方。黃大哥眼中的鹿港，無論是新的鹿港還是舊的鹿港，可以肯定的是，它是一個更好的鹿港。書集囍室目前雖是中午開門，黃大哥時常一早就到書店準備，重新與生活接軌的方式就是回到生活：這裡沒有電話、沒有冷氣、沒有網路。

黃大哥也喜歡說故事，週三下午，書集囍室就有替小朋友說故事的時間，我們失去說故事的能力很久了，我們失去聽故事的能力一樣久，從故事出發，讓

空間成爲小孩愛來的地方：向下扎根、生成脈絡，書集囍室就是成立在四月四日，這天是兒童節。一樓書區的樓梯間牆，張貼不少孩子的留言，我注意到有個題目是：「我喜歡的城鎮的樣子」，上頭答案千奇萬種，這個問題同時回拋給了每個到訪囍室的朋友。

我理想中的城鎮該是什麼模樣？是不是就該有間書集喜室。我想起前往囍室的車程，在囍室臉書看到一張照片，畫面呈現著杉行街上的下午時光，門口或坐或睡的老人、奔跑的孩子，看著照片，幾乎仍能感受現場的自在閒適。我看見的不只是鹿港的杉行街，同時也看見人在生活——而感受生活，本是一件天大的囍事。

書店

018

跨界者：

週一 — 週日：11:30 – 20:00

新北市板橋區大觀路一段 29 巷 81 號

這幾年我細讀的作家，起初沒有留意，後來漸漸發現，他們有共通的地方：皆是跨界創作者。這裡的跨界，當是除了文字書寫外，尚有其它領域的藝術表現。比如教音樂也寫作的呂赫若、導電影也寫《魔鬼樹》的潘壘、寫廣播劇又寫《喇叭手》的劉非烈，畫評小說都引人注目的李渝。跨戲劇與文學、跨攝影與文學的例子更是不勝枚舉。

從跨界角度進入文學作品，繼而去捕捉語言文字在不同媒介的轉換變化，文字爲此更是一種動態的存在，滲透其中的分子不只是文字的，還有其它你我所不能確定的質素。我的關注最後仍是回到文學。只是嘗試從不同角度去擴大文字庫存，像是帶著文字來到健身房，嘗試不同運動器材：有時重訓有時瑜珈，反正試試看嘛！總會變出什麼來。

關於跨界念頭的重新整理，是來到位於台藝大後門的「書店」，在與主人恩澤談話的過程中，漸漸將思緒釐清的。也許是整個書店空間一如心靈載體，讓你盡可能說你想說，做你想做的，無邊無際，這也是「書店」的魅力。

二〇一三年的秋天「書店」開始運作。我喜歡通向「書店」的這條窄路，以及沿著窄路生出的美術社、老店老厝、電杆電線錯落而成的氛圍，在人口密集的板橋市區，這裡竟有一點庄腳風情。窄路的一邊是建物群，一邊隔著圍牆，翻牆進去就是台藝大了。

這天來到書店，先是站在路邊端詳「書店」的樣子，立刻抓到你的目光的，其實是二樓戶外區一整落的漫畫牆，它們大大方方、密密麻麻地站在那裡。漫畫的書背特別齊整，顏色尤其繽紛，從樓下看上去，感覺整面書牆就像一幅藝術作品。

走進「書店」，建物空間總計兩個樓層，一樓複合式：可以咖啡、展覽、講座；二樓是藏書區，這裡賣的是二手書。雖是暑假，店內仍有不少客人。也許開在學校後門，學生氣息十分濃厚，或者開在窄路矮屋建築群，「書店」的氛圍剛柔並濟，十分舒服自在。「書店」的屋身很長，「一探究竟」、「一窺堂奧」四個字相當適合放在這裡。二樓的木質書櫃相當氣派，從地面接到天篷，有點像圖書館但又不全像，它的走道在光影燈飾與木質裝潢的組合變化之中，拍照非常好看，我知道不少影視作品時常取景在「書店」。

來到「書店」的朋友，起初一定會好奇：「書店」爲什麼叫「書店」？當你眞正了解「書店」，便會發現，它最好的名字就是書店了。書店主人恩澤又親切又耐斯，他提及「書店」從成立之初到現在，可以說是許多朋友共同參與的一個成果，無論是店內型態或活動內容，它始終在變化，也始終願意嘗試變化。換言之，每個人都能爲它命名，四面八方熱愛藝術的同好都能前來灌注你的想像，每個人的心中都有一間「書店」。

由於「書店」本身同時經營網路書店，爲此店內書籍的陳設擺放，它也是雲端空間的實體倉庫，這也是「書店」特色之一。網路書店雖然方便，身體卻無法享受「逛」的感覺，然而當你身處的書區，就是網路書店的倉庫空間，那麼書櫃與書櫃之間的走道，就是眞正的網「路」了。

有趣的是，仔細研究「書店」的書籍呈現，敏銳的你很快也會察覺，平時習慣的分類方式完全行不通了，既定的認知模式與群組概念，在「書店」遇到了挑戰。在這裡：佛學書籍隔壁可能冒出藥燉食譜，或者古籍史料隔壁坐著一本電腦用書，找書成爲一件過癮、痛快又冒險的事。只是看似打散，卻未必眞的打散，每個書櫃上頭其實貼有英文字卡，什麼 DDA、DGB、DEE，謎一般的讓你去思考：什麼是分類？

我想到 Roger Chartier 的《書籍的秩序》，想到「書」作爲一個單位：它有故事內容，本身也是物質存在。「書店」正是書籍秩序沒有刻意區分，書與書之間的關係也就有了無限可能，它得以無限串聯，從一本書，長出更多的「書」。所以美術書籍旁邊不妨擺一本園藝用書；日語字典隔壁可以放本養魚指南。這就回到了初始說的跨界的事了。書籍本身也在跨界，從這個書櫃跨到那個書櫃，中間的書與左右兩邊的書組合成爲另一本書。我眞的相信，他們晚上自己偷換了位置也說不定！或者凸凸把它偷偷移開了，你也沒發現！

凸凸是「書店」的紅人，你一定要來拜碼頭！這個下午，凸凸本人就一直坐在八號桌次的木椅呼嚕大睡，對面坐著用功作業的年輕人，彼此相安無事，歲月靜好，啊！今天天氣眞好！凸凸與「書店」年紀差不多大，多年來在店內不知陪伴多少學生在這裡構思與功課。凸凸的出現讓我想起也是跨界者的豐子愷，他的散文讓人愛不釋手，去年在北京機場買到一本他的《阿咪》，裡面蒐羅全以貓爲主題的畫作：貓與孩童、貓在家屋、貓咪坐在作畫的女孩肩上，貓咪陪著主人望著窗外發呆……。這些畫面大概也會出現在「書店」吧，讓人忍不住想要紀錄凸凸與「書店」的一日生活。

由於「書店」鄰近台灣藝術大學，使得恩澤得以接觸到各個領域的優秀人才，台藝大的學生是店裡的常客，可以想像許多創作就是在「書店」發生的：這邊劇本，那邊作曲；這邊寫作，那邊畫畫。靈感激盪靈感，語言呼喚語言，我也好想加入大家。這又讓「書店」的概念走得更遠了，它是一個開放空間，接納不同藝術領域的人跨界而來，不同媒材語言在這裡被鎔鑄、打造與實驗。「書店」它像３Ｄ動畫般地不斷彈出新的視窗，每個視窗都是一間書店：電影的、戲劇的、音樂的、文學的……不可思議地它一間接著一間，一間變出一間，每一間都叫做「書店」。

019

從小做起：豐田の冊所

——村子裡的公益書店

週三 —— 週五：13:00 – 16:00
週六 —— 週日：09:00 – 16:00

花蓮縣壽豐鄉豐裡村民權街 7 號

「豐田の冊所」位於花蓮縣壽豐鄉民權街上，在此之前我對豐田的認識是日治時期的移民村落，而對於移民村的想像，又大抵來自濱田隼雄的《南方移民村》以及施叔青的《風前塵埃》。濱田與施的描寫未必是豐田，卻提供我從文學進入歷史的一扇窗門，就像民權街口這座鳥居，它儼然是座歷史的門，而我就這麼穿過。據說從前直直走到盡頭即是神社，現在則是一間廟宇。如今豐田社區形貌仍能見出早年建設的格局規模，棋盤式的道路劃分，每戶人家方方正正。

方方正正的「豐田の冊所」就位在路口與廟宇的中段。週末早晨的民權街上，幾乎沒有人車，只有蕉林椰林蓮霧樹，花蓮的熱，花蓮的風。上次到花蓮約是參加研討會，通過一份發行甚早的《東臺日報》，去探討戰後初期花蓮地區的語文學活動，那個從日語到國語的年代，不知爲何我深深爲它著迷——包括著迷於花蓮。我是從文學、歷史重新認識花蓮的，而刻正我要到冊所參加豐田故事屋講座。

「豐田の冊所」沒有招牌，我卻半點不擔心會走丟，也許我太久沒聽人講故事了，或者長期在扮演說故事的人，心情竟然特別興奮。

「豐田の冊所」建物本身是棟樓房，前庭後院甚爲寬敞，後院有棵偌大的麵包樹，像是冊所的標的。我發現這裡有點像外公家，走入屋內，脫下鞋子，地面紋路是尋常可見的白石碎花，果眞和外公家一模一樣。一樓的客廳是書區也是活

動區。本日活動的策劃人金燕姐親切地說，「豐田の冊所」的名稱是由在地孩子共同票選而出的，其實這個名字組合，也巧妙捕捉曾經作爲移民村的特殊風貌：一則對於中文字音的諧擬，兼之又轉化了日式句法，讓人印象深刻。實則豐田の冊所的建物也是由在地居民無償提供，其中的大愛讓人感佩；除此之外，金燕姐提及，冊所的大小運作，主要乃是依靠諸多志工的投

入幫忙，才得以順利推行。因為早到現場，我也趕緊加入場布隊伍：搬椅子、移桌子，這是一間由愛心築起的書房，讓人感覺手上握著的每本書，都特別溫暖。

我其實一直在偷看那棵麵包樹，以及樹的周圍形成的安靜氛圍，也許真的太安靜了，孩童的意象在「豐田の冊所」為此特別突出特別緊要。仔細理解「豐田の冊所」，無論是側重於兒童文學的相關收藏，或者獨立的繪本讀物空間，乃至活動講座的籌備，都得以見到冊所之於孩童的關懷，而素樸日常的內部裝潢，讓冊所又宛如每個孩童的家。

「豐田の冊所」在二〇一五年的四月四日正式啓動了，是的，這天又是兒童節了！這個「又」字是有緣由的，這陣子走訪各地的獨立書店，目前即有基隆自立書店、彰化書集囍室選在兒童節開幕。或者不在兒童節開幕，其運作內容或意象設計，又往往與孩童學習密不可分。這個從田野之中獲得的體會，像是一道問題意識，不斷讓我去反身思考：孩童究竟是一個怎樣的身分概念？台灣孩童如何被想像的？書店與孩童之間的關係又得以怎樣發揮。

十點一到，靜巷突然湧出人車，機車汽車休旅車，一時之間客廳擠滿報到簽名的大朋友小朋友：多數來自玉里、瑞穗或者花蓮市區，也有附近社區的住戶。也許是端午節剛過，當天故事說的是《白蛇傳》，許多孩童趕緊拎著一塊巧拼當坐墊，像屁股坐著一塊飛毯，也有坐在爸媽大腿之間，全家任憑想像力如雨後木瓜溪的盛大水勢、如花東縱谷般的深刻懾人。故事已經開始了，慌亂之中，我也拿了塊巧拼坐在角落。但見眼前家長小孩聽得入迷，齊心回應老師的各種問句，我的年紀距離孩童有點遠了，忍不住打從心底羨慕起來。也許我的童年時期不曾有過類似的學習機會，親子時間實在太少。瞬間覺得每個孩子真正都是父母的心肝：比如那位父親拿著手機細心替小孩取景，那位阿嬤急著幫孫子搶答，這些畫面讓人感動得不知所措，我左看右看，唯一能做的，就是用力爲每個孩子拍手鼓掌。

豐田故事屋的系列講座讓冊所成爲大人小孩都愛來的地方，活動結束，冊所很快靜了下來——很像冊所本身就是安靜的一部分，安靜是一種思維結構、生活氣味，是態度理念，安靜看書的孩童最迷人了！在幫忙恢復擺設的過程中，金燕姐提到，有次鄰近豐裡國小前來冊所戶外教學，那天讓她尤其感動，現場學童各自翻讀繪本讀物，大家都想久留。活動結束正是雨天，豐田下雨了，看著孩子穿著雨衣列隊不捨的離去，心情十分震動。

一年來「豐田の冊所」正努力與在地社區進行連結，同時也與外縣市的學校多有互動。書店角落有個書盒，擺放雲林山峰國小前來交換的書籍，每本書都細心製作留言板，這是一個橫跨中央山脈的交流，孩童與孩童的對話。我打開一本《短耳兔》的故事，內容提到短耳兔欣羨別隻兔子擁有碩美的長耳，不斷使用各種方法要把短耳拉長，從而忘記自己的短耳是獨一無二、無可取代的。我寫下「每個人心中都有一隻短耳兔」，不知這則留言越過山脈誰將讀到呢，我卻要深深感謝「豐田の冊所」告訴了我：每一個孩子都是與眾不同的。

Don't Be Sad

020 現流仔：

田園城市生活風格書店

週日 —— 週三 : 10:00 – 19:00
週四 —— 週六 : 10:00 – 20:00

台北市中山區中山北路二段 72 巷 6 號

走進位在靜巷內的園城市風格書店，對於身體感官或者知識領會，都是一件極大的享受。這是一個值得品味的書店空間，誠如「田園」與「城市」本身即是兩組概念的鑲嵌，田園城市可以分析、可以理論、可以文謅謅，然而我想她也可以很庶民的，就像書店主人陳炳槮大哥說：希望逛書店，一如逛菜場那般輕鬆自然，而買書買菜都是不可或缺的事。

然逛書店如何類似逛菜場，這個說法的成立，其實需要許多用心與巧思，而我覺得田園城市，不僅在既有空間的基礎，淋漓盡致體現了這個概念，更在於以看似打散空間的方法，「創造」更多的空間，這事怎麼說呢？

我們得先繞個彎，一如從中山北路繞進二段七十二巷的田園城市，我們知道：一本書的製作完工，它得通過各個環節：從作者創作出發，歷經了編輯作業與行銷、鋪書、上市，最後來到讀者手中。

而一個需要確定的是：我們走入的是間書店，我們也是走入作爲「出版社」的田園城市。一九九四年成立至今，至今二十初頭歲，正是大學生的年紀，田園城市的出版以建築、景觀、空間爲人津津樂道，在相關領域學門，都是不容忽視的存在。換言之，關於一間出版社，它是什麼模樣呢？出版部門的電話聲不斷響起，忙碌的編輯、企劃、業務，許多許多的書物，這邊忙訂單那邊忙看樣。然而更有趣的是，作爲出版社的田園城市，本身亦是書店空間，書店理當就有沿牆生長的書架，或躺或站的新書，充滿問題意識的分類方式，理想的動線與理想的燈光，當然也有櫃台結帳的重要儀式。而當出版部分與書店位置共處一個空間，兩者如何在「生活」中對話、繼而形成「風格」呢？

這就是田園城市最迷人的地方了！站在書店任何一個位置，透視者般的可以看到各個部門，而正是因爲透視，作爲職務區分的空間規劃，被消弭解除，好

田園城市
生活風格書店

像一個客人不小心就會走進編輯部了；或者編輯突然就跑來跟你介紹架上的書。「流動」的意象在田園城市十分突出。而設若：人總是不斷被空間所定義：你在出版社所以你是編輯，你在書店所以你是顧客，那麼：這個空間的流動，即會帶來身分的流動，在田園城市，這個流動恰恰落實在一本書的形成過程。它是活生生的！

　比如這天我到書店翻閱一本，其實是有編

輯推薦而展出的書籍，曾幾何時，編輯的想法得以直接與讀者連接，兩者之間得以交流對話，這在出版而言，未嘗不是最好的市場反應與鄉民意見；在顧客來說，其實他業已無形參與書的製作，形成一個動態的圖像。出版部門的電話，約稿的電話，企畫的過程，作為讀者的你無心聽到，卻是親臨生產線上了，這感覺又多麼奇妙。換言之，我們不僅看到書的狀態，也參與了書的發生：讀者編輯化、編輯也讀者化。田園城市的社長辦公室都擺設不少珍本書物，說不定你就曾經走入，說不定幫你介紹書籍的正是老闆呢。空間的幻術如此迷人，它造就如此多方向的刺激、交流、反饋。我們來到書店，如同帶著複眼來「看」書。看書的發生與被發生。書的內涵於是不可思議的變大了。

談話之中，陳炳槮大哥說到一個字詞：如實。讓人喜歡、不斷點頭，非常精準。這個空間如實呈現一本書的製作過程，而這如實的美學，誠如它的命名與布置，卻又十分庶民與生猛。比方書店齊整擺放著灰色的菜籃，如果出現黃瓜玉米蘿蔔也不意外，而現在書就安安

穩穩坐在裡面。書籍與菜籃的關係是什麼？誰說菜籃不能放書呢？這就要回應初始陳大哥說的，上菜場如同逛書店的概念了。這天我就在菜籃之間來回，大概空間的打散，也讓讀者思路變得細緻敏感，立刻讓我想到一個字眼，它時常出現在菜市場，每次看到總是會心一笑，它叫做「現流仔」。「現流仔」意味著新鮮、活跳並且品質一等，「現流仔」演繹的不就是一種如實的美學？置身田園城市，我們可以說：因爲空間的透視，身分的流動，它讓眼前一切都是活跳跳的，而如果再加上樓下的藝文空間，帶入創作者的視野，簡直就是完成演出了！

田園城市的逼萬空間，時常推出極富特色的展覽，這些展覽或者是創作者正在成形的作品，或者是初始萌發的念頭，然而提供一個平台，讓創作在這裡自由呼吸，像是來到田野之間，直接與作物對話。讀者從一樓走向逼萬，像是走進創作之中；讀者從逼萬走回一樓，則像從創作走到實體世界。總的來說，田園城市的三個重要組構：編輯部門、書籍空間、創作展區，整體而言就是一個耐讀雋永的空間設計，其以空間當作介面，去體現一本「書」的從無到有，繼而讓我們看到了書是如何歷經上中下游、各個部門。這又像是陳炳槮大哥在出版業界，經年以來的職場管理學了，他說從頭學起，學習一整套而不偏廢。而你突然明白，這個空間是否也是人生觀的具體化，田園城市可以曰是一種生活風格，也能曰是一種處世哲學。

021

航廈：鹿途中旅遊書店

週一 ：15:00 － 21:00
週六 ：11:00 － 18:00
週二 ── 週五：11:00 － 21:00

台北市信義區嘉興街 28 號

在我應該出現的明信片上
就有那風景正在被無限分割
就有那你始終到達不了的碼頭
就將在那裡
我承認預言的失敗魔法的解體
我確實我留下令人難忘的空隙

——夏宇，〈你就再也不想去那裡旅行〉

位於台北市嘉興街巷弄內的鹿途中旅遊書店，這天店入口的小黑板正在宣傳當月的旅人圖書館，本次主題是「如果不去旅行」。旅人圖書館是資深背包客藍白拖發起的旅遊講座，同時也是鹿途中的常態活動。也許當學生太久了，看到黑板總是忍不住凝神端詳——如果不去旅行。多像當頭下了一道作文題目，我趕緊將它抄記在筆記本。

如果不去旅行？會不會就沒有鹿途中旅遊書店？

如果不去旅行？現在你又是一個怎麼樣的人？來自屏東的國中同學：鹿鹿和 Eva ——幾年前選擇開啓這家以旅遊爲主題的特色書店。店面坪數不算大，我卻覺得這是沒有邊界的空間，它正有形無形流動著全世界的各種信息，所以我一直有種來到機場航廈的感覺。旅途中我特別喜歡待在航廈，因爲世界各地的「時間」都在這裡了，世界各地的「空間」也在這裡，世界各地都在路途中了，一切都在流動，隨時都在出發。巧的是鹿途中販售的自製明信片，Eva 特別介紹的一張正是泰國機場的航廈，逆光打在航廈落地長窗，我似乎還能摸得到當時曼谷的溫度。

我喜歡鹿鹿與 Eva 稱呼來訪店裡的朋友爲「旅人」，它像是一個敬詞與尊稱，因爲旅人總是在路途中，書店爲此也像是暫時歇靠的驛站，提供給旅人各種便利與服務。旅遊書是工具書，所以店裡提供旅人租賃的流通方式。我相信不同旅人總在鹿途中帶走或帶回更多路途中的事，「世界」在這裡的意義是不斷地被拓樸與被改寫。「世界地圖」到底是什麼呢？世界地圖層層疊疊，大家應該動手爲自己畫一張。

旅遊書是工具書，時間上自然有它的侷限性。有次我帶著國中當年到安平古堡戶外教學的指南 DM 重遊舊地，嘗試指認過去的這裡與那裡，這件事想起來特別阿呆，古堡還在，城廓還在，那到底什麼不在了？也常在許多書店，看到所謂過季或退燒的旅遊書籍，其實它也像是一本圖文集，記錄各種旅遊熱點的被發現與被設計，各種旅遊故事的被想像與被述說。旅遊書籍爲此不再只是工具指南，它把全世界的時間空間提煉轉換成爲一顆玻璃彈珠。地球外觀是不是就像一粒彈珠。

因研究工作，我得翻閱早年的期刊報紙，常在台灣不同的歷史階段遇見不同的「旅人」，印象很深刻是戰後初期的《台旅月刊》與《旅行雜誌》，那些附

錄在書籍的旅店資訊、交通方式、傳統小吃總是讓我非常神往，它們如今在或不在其實並不重要，關鍵在於他們已經被文字與圖像記了下來，而我可以重拾一本過期的旅遊刊物如同上演穿越劇，「路途」的意義在這裡被加倍延伸了：一切此曾在，一切都還在。這會不會才是旅行的奧義，也是鹿途中旅遊書店迷人的地方呢？

事實上台灣旅遊文化的興起與國民經濟所得的提高有關，與出入境法條的鬆綁修改亦有關。我在鹿途中待了半個下午，開了眼界，旅遊書籍的製作是一門學問，它考量到預設讀者群是誰？它的關注焦點又是什麼？它的世界想像的內容又如何？在在牽動我們如何從紙本印刷進入世界的方式。Eva 提及鹿途中的旅遊書源也有來自國外：比如中國與香港等地，這意味我們與世界接軌的管道非常多元。所以旅遊書籍本身就是一種動態性的存在，感覺類似不同國籍的旅人搭乘在同

班飛機，這班飛機就是一本旅遊書籍；或者不同班機的旅人正在同個航廈一起等待轉乘，這本旅遊書籍就像一座航廈。我們都在「體驗」什麼是「on the road」，而路途中彼此視線的匆匆交會，總是遠比你我想像的錯綜、且複雜的。

鹿途中的英文店名採用的是直譯，也就是Dear Deer Travel Bookshop。它的Logo是隻花鹿乘著飛機。鹿途中目前展開不少與外語相關的講座，學習語言與學習旅遊是同一件事吧。前者在與他人溝通，後者在與自己溝通，旅行的意義就在於溝通。不知戰後初期是否出版過以「中文」印製，以學習國語的方式來間接認識台灣的旅遊書籍？當我走出店家，再次看著門口小黑板的那句話，才發現「如果不去旅行」並非一組疑問句，而是接著一連串的刪節號：「如果不去旅行……」這些刪節號的小黑點多像旅人的腳印，它告訴我：有人正在路途中。

出發！
到世界
討生活
WiFi

022

民雄三十四度C：仁偉書局

週一 — 週六 : 09:00 − 22:00
週日 : 14:00 − 22:00

嘉義縣民雄鄉建國路三段 177 號

猜想是否你也有過類似的感受，那即是：小學時代穿著的運動衫褲與卡其制服，它們後來到底都去了哪裡？這個問題在到訪仁偉書局的二樓書區，始終不斷盤旋於腦海。仁偉二樓書區的走道，立著一組伸縮式的曬衣架，非常吸睛。上頭不分季節，掛著長的短的學生服飾，其中有件印有二字「樣品」。這是書局負責代售的學校衣物，鄰近的小學叫興中國小，它也是年輕店長羅怡芬的母校。怡芬說運動服仍和當年的款式相同，圓盤造型的小黃帽也一樣，制服則是變得更漂亮。提及每次開學都要走入校園替學生訂做衣服一事，怡芬生動地描述現場的忙碌與混亂，然校友姊姊回來爲學弟妹量身裁裝的畫面，不知爲何想來還是感到特溫暖。

校友姊姊只是其中一個身分，在臉書上怡芬是管書姊姊、理貨姊姊，名片上則是款冊ㄟ郎，怡芬也是家中的大女兒，現在則是仁偉書店的新生代，店內店外乃至於雲端網路，皆可發現她的熱情無處不在，正如同來到民雄這天，恰恰也是入春以來的最高溫：三十四度。

三十五年前仁偉書局在民雄開業了！位在建國路的現址業有二十多年的歷史，怡芬便是在這裡長大的。黃色招牌、黑色大字，如果從谷歌地圖尋找仁偉書局，你會發現它就位在嘉北車站與民雄車站的正中間。怡芬說身高才比櫃台高一點點就開始顧店，去年三月重新回到故鄉民雄接掌家業：一來是不捨得書店停止運作；二來也許從小在書店頻繁與人接觸，她喜歡人跟人之間的關心與互動。仁偉是民雄在地老書局，店內常見的是老顧客老厝邊，大多從上一代買到了下一代。

所以「傳遞」這個意象在仁偉書店非常重要，或者像仁偉這樣的地方書店，傳遞本身即是它的精神所在：它是以物爲媒介來銜接你我之間的情誼。剛好仁偉書店名片就印著「往傳遞美好及重要事物的目標邁進」。我於是想到了小學時期的上衣外褲，有時不捨得丟掉便留給鄰居的堂弟妹穿，或者身上穿的原本就是哥哥姊姊的，更甚者，後來孩子都大了，衣服乾脆父母拿來當居家服使用，猜想類似故事在民雄一定也不少，這也是一種傳遞了。如今怡芬在父母親多年打下的基礎進行延伸發揮，

怡芬說是爸爸做人非常好，大家喜歡來。言談之中充滿對父親的敬意，一旁的我聽得亂感動的。因此什麼又是美好及重要的事物呢？這就是了。

怡芬從台北再回嘉義，面對熟悉的空間與熟悉的擺設，心情畢竟不太相同，這次不再只是短暫過夜，是久留下來，爲此店裡每個物件皆有了全新的意義。怡芬說書店內的大大小小對她來說都很重要，而我猜想一支筆、一張紙、一件衣服定能串起許多回憶。我在二樓發現賣海報的活頁版，它像立在半空中的一本書，只是翻轉的不是紙張，而是木板，這個懷舊設計在怡芬還沒上台北念書就存在店裡了，海報印製的圖樣不知業已換過多少版本——只是時下最流行的卡通是什麼呢？其實我也不清楚了。時間推移大概就在這些細微處，怡芬笑說上次還有客人想買那塊木板。

那麼：最大的變化是對時間的感受？怡芬說附近居民多以藍領階級爲主，用台灣話來說就是做工

仔人，這裡七點多上學、八點上班，使得仁偉經營也與地方社區同步運作。國曆農曆都很重要。比如每年開學是參考書的旺季，仁偉二樓也賣參考書；農曆年節店門口賣春聯；元宵節則賣造型燈籠。我注意到怡芬與客人家人交談都是使用台語，回到民雄之後，台語說得更鮮活更靈動。怡芬形容剛回來時常常在「jiok 貨」，也就是要追貨、補貨的意思。工業區、大馬路邊的小書店，這 jiok 音用得太生猛到位，jiok 的何止是缺貨的文具百貨呢？還有書店等待實現的各種理想，怡芬正在 jiok、在努力追逐著。

仁偉書局的一樓主要販售文具百貨，可以發現到：「文具」的概念在這裡被延伸擴大：墨水夾、影印紙、乃至電腦周邊、辦公商品盡是文具，我覺得這是一間與時俱進的書局，而多年來店面空間也一進一進向內擴深。都說怡芬在店裡長大，其實書店空間本身也在發育。我就在一樓走道數算店內到底多少書

格？第四十五格是檔案夾、第四十六格是風琴夾與Ｌ型夾，第四十七格……仁偉用來分類文具的指示招牌麻麻密密，其中最大的一個、也是最顯眼的一個叫做「圖書請上二樓」。如何讓客人走上二樓？這也是怡芬當下用心最深的地方。從選書、進書、擺書，乃至書區的規劃與設計，光線與照明，她正往傳遞美好及重要事物的目標邁進，而民雄今天三十四度Ｃ。

空氣的意義：

山里好巷

週二 — 週五：13:30 － 21:00
週六：10:00 － 21:00
週日：10:00 － 17:00

南投縣埔里鎮中山路二段 412 號

結束埔里山里好巷書店的拜訪，一個平日，特地跑到國立編譯館去找尋小學時期的自然課本。我好想知道像我這一代的台灣年輕人，最初對於「空氣」的認識，究竟是怎麼開始的？我隱約記得一個定義是說：空氣本身無色無味，它看不見也摸不著，但是佔有空間。小時候對於「佔有空間」這四個字印象尤其深刻，覺得空氣是值得尊敬的存在，而且很有份量，只是它

到底在哪呢？

因爲我念的是偏鄉小學，當時教授自然的老師，同時也教社會，一段不短的時間，常將這兩個科目搞混。這次在國編館靜靜地翻閱教科書，發現關於空氣的篇章其實不少，二年級下學期我們認識「空氣是什麼」，四年級下學期我們認識「空氣的流動」。記得當時有講述空污的章節，這次卻找不到是在哪個年級的自然課本了，莫非是在社會課本？一直依稀有個印象，社會課本也曾上過空污議題。現在想想其實也很合理，空污是自然的，也是社會的。

記得那位教授自然與社會的老師，也曾要我們從家裡帶來一紙塑膠袋，說是爲了做實驗，教室內男孩女孩各自拿著塑膠袋對著空中揮來揮去，然後快速將它綁起來——老師說這就是空氣。大家面面相覷。

突然這麼在意空氣的這些那些，實是在拜訪「山里好巷」漸漸在腦海浮現的。我喜歡山里好巷。山里

好巷位於南投埔里中山路的一條巷內，二〇一四年它開幕了！這是一間長期關注生態保育，且將理念知識具體落實的獨立書店。主人佳穎是南投女兒，回鄉投入書籍事業，其用意更在於提供一個平台，讓當代許多環境議題得以被看見、被論述、被實踐。書店本身的定位十分精準，而我一直覺得「實踐」這件事在山里好巷不單只是個名詞，它是正在發生的事，正如佳穎說：人無法身外於大自然。爲此除了書店事業本身，佳穎本身同時擔任空污自救會的志工。她將知識與行動合而爲一，這是山里好巷的書店精神了。

到訪山里好巷這天已是晚上，在巷口即看到書屋自身放出的光芒，而我是不是一隻趨光性的昆蟲呢？書店空間設計，一邊是書區一邊是講區。書區的陳設方式也頗具巧思，它是以埔里盆地的山區地勢當作發想，使高低起落的書架一如山勢稜線起起伏伏。在這裡站立的書冊可以看做是森林樹木；平躺的書冊則像是地衣植被，人在其中閱讀也被閱讀，人被群山環繞，像是坐擁書城，進一步遙相呼應了山里好巷的理念——好書、好人、好生活。山里好巷目前館藏書籍也以環境議題、生態保護爲大宗，佳穎希望未來書籍方面能更加聚焦，並且提高書店館藏。

講區則定期進行讀書研討，以及諸多涉及動植物、農學、環保議題的講座。講區牆面有一張埔里手繪地圖，我特別注意圖上標誌了幾座山：關刀山、小埔山、牛相山、白葉山，這些我不曾在課本聽過的山名，讓人一時彷彿置身地理教室，可不是嗎，地圖外觀本身就像是一面黑板。這裡每座山皆以三角形作爲象徵標誌，唯一倒立的三角圖示，正是山里好巷的Logo。這個Logo很特別，佳穎說倒立的山形本身是一種翻轉的概念，而書店自製的書籤也延續了這個精神，它是活動式的，夾在書頁之中，剛好得以露出一座顛倒的山。它像是一座山的倒影，直直落在書本冊頁；它也像是一座山的投影，在你我的心中。

訪談結束之前，特別請教佳穎空汙的一些問題。埔里因著山勢地形以及各種汙染的緣故，空汙問題十分嚴重。佳穎特地搬出一台空氣品質偵測機，我看得目瞪口呆，她熱情細心說明當前台灣空污的相關狀況，我才知道埔里今晚PM2.5的濃度仍是超過七十一。我想到店內有張米色畫布，上頭寫著：「我不霾我要好空氣」。環境保護與永續發展是永遠的現在進行式，知識傳遞也是永遠的進行式，兩者如同空氣一般的值得重視，這是佳穎正在努力的事。我想到小時候對於空氣佔有空間這件事，終覺得難以想像，我的自然成績向來很壞，現在空氣如此具體，讓人不得不加以省視，重新做起功課來。很慶幸台灣出現了山里好巷這樣用心的獨立書店，它光一般的存在埔里小鎮，引領我們看得更清楚了。

024

英語課：

蘇格貓底二手書咖啡屋

週一 —— 週日：11:00 – 21:00

新竹市竹東區光復路二段 101 號 清華大學內

到現在彷彿仍坐在蘇格貓底二手書咖啡屋，聽著貓哥分享尖石鄉秀巒國小的滴滴點點。那個下午突至的大雨停了，天氣忽然晴朗，秀巒的故事正在進行，而我們就要出發了！

我們就要出發了！跟隨貓哥的書車：一台載滿千本英語繪本的唐吉軻德，前往偏鄉小學搭建一間 English class room。那是二〇一五年秋天十月，我問貓哥：記得當時的心情嗎？貓哥說平常心。天氣呢？貓哥說天氣不錯，所以是個好日子。

搭乘貓哥的唐吉軻德出門之前，我們先認識「蘇格貓底二手書咖啡屋」。貓哥是花蓮人，清大哲學所畢業，可說是每個清大學生的大學長。蘇格貓底二手書咖啡屋位於清華大學，是一間結合閱讀與餐飲、極富文人氣息的二手書店。換言之，這是一間位於「校園」的「二手書咖啡屋」。經年開在高等教育的學習空間，無形之中，咖啡屋自身也形成了一種知識傳遞、交流，分享的氛圍。這個氛圍我以爲成爲日後書車一個精神基底，它的內涵包括了：作爲學長的貓哥的責任使命感、以及哲學家般的貓哥，將其個人生命關懷、書屋精神，乃至

開
放
中
ndamouse

教育理念的融鑄結合，從學院延伸至校外，成爲一個具體的實踐。而他著力的重點項目，即是目前我們所知的偏鄉英語教育的基樁工程。

問及貓哥最初念頭是怎麼發生的？他回憶起：其實二〇一五年五月購車之後，因著書車設計與內部格局的各種關係，一直等到了十月才正式上路。其中半年的延宕，五個月的空等，幾乎讓他忘記，最初承載繪本讀物到訪偏鄉的初衷。真性情的貓哥也說，念頭最初的萌發，則是來自二〇一五年四月的一場好友聚會，聊天之中各自提及了晚年的生涯規劃，遂逐漸有了這個想法。貓哥是行動派。貓哥率真且謙遜，他提及：「儘管當初是想自己掏腰包做，然而許多人聽到之後，慷慨解囊，紛紛贊助，至今買書的錢，都還沒用到我的。」每次上山的繪本讀物，貓哥特別強調：一個關鍵的主力來源，是位於新竹竹東的「書酷」英文書店，其以極低價錢提供了書源，豐富了上山的裝備。換言之，這台移動的書車，實是來自許多人的熱情與奉獻，集結了大家的善意美意。

坐在咖啡廳聽著貓哥娓娓道來，這個假日的清大校園特別熱鬧，裡裡外外都是學生。而我頻頻追問路上的風景，校外的細節，忍不住要寫生下來。聽貓哥描述將車子停在校園，學生放課時間圍了過來；或者家長跟著共讀，大家蜂擁而至開心地呼喊貓哥，好奇地翻閱英語繪本。這些繪本大小超過兩個手掌，所以端地相當慎重。是的，貓哥的白色書車，流動的理想，後斗有座位也有書架，它是一間移動的英語繪本圖書館，在崇山峻嶺之間穿梭，當它停妥，貓哥下來了！讓人忍不住好奇，下一刻登車看書的，他會是誰呢？

雖不能至，但聽貓哥分享卻如置身現場，貓哥同時分享手機照片。英語繪本的傳達是第一步，它是信

民宿

物，接著是，書籍該放在哪呢？爲此空間的問題就出現了。在我眼前的照片，裏頭是一個正在成形的英語教室，它如此眞實並且就要實現，忍不住讓人尊敬貓哥起來。貓哥說：這又得謝謝許多朋友的協助。

我們不妨將「貓哥精神」的要旨，稍加理整，它太重要了：貓哥關心偏鄉英語教育，然而其切入問題的方式相當周延。因有感於英語教育的城鄉差距，這是從學生角度出發的思考；貓哥的關懷也觸及教師的層面，偏鄉師資的快速流動，致使得教學難以形成脈絡，教學同時失去了成就感，貓哥也要點燃老師的熱忱。換言之，氣氛的營造，環境的改變，從而去啓發學習意願，成爲最抽象也最具體的方法。此外，同時貓哥體會到硬體設備的不足，一間理想的 Ehglish classroom 是必要的，而環繞其中的又是教材教法、班級經營、師生互動等問題，值得我們深入觀察。

更甚者，我們得以延長思索的是：英語課／美語課。以及英語與戰後台灣教育體下的相關論題。我一直鼓勵喜愛寫作的朋友，理當重新思考自身與英語的關係，無論是學習英語的經驗談，聽說讀寫等方方面面的挑戰，它到底是除了母語之外，你我長期接觸的一個共通語言。記得初次到美國西岸的渡假小城，當下的視覺感受，竟讓我立刻脫口而出：我好像走進國中英語課本的插畫！這即是我對英語世界的認識框架。

聽著貓哥的秀巒故事，我的思緒不斷退回養我育我的台南偏鄉，從小我就意識到英語學習與城鄉差距，眞正密切相關。那是一九九九年，小學開始施行校園英語教育，全校學生兩百人不到，每個周六，早上集合在到處是小黑蚊的大榕樹下，不分年級沒有教材，師資也不是專業的。記得有次因故停課，一問之下，才知是僅有的一支有線麥克風，被

山區的分校給借走了。那時的我們，是不是就是需要一個貓哥呢？

特別開心在清華大學認識貓哥，蘇格貓底的傳奇正從校園隨著書車奔至校外，也期待更多學生投身參與。時間回到二〇一五年的秋天十月，那是起點，一個季節換過一個季節：起初孩童彼此面面相覷，接著終於緩緩靠了過來，車上的叔叔正在忙著擺書，英語歌曲在山中傳開！這是今天的背景音樂！山村人家的燈火亮了，有人開心大喊：貓哥來了！

蘇格貓底二手書咖啡屋
AKX-0392
總重3.49公噸
限乘 3 人

025 英雄島：

長春書店

週一 — 週日：07:00 — 19:00

金門縣復興路 130 號

出發前往金門長春書店的前個晚上，我決定送一份禮物，給書店老闆陳長慶老師。

那是準備訪綱、彙整筆記的過程當中，留意到了也是作家的陳長慶，他的第一篇作品〈另外一個頭〉，發表在一九六六年三月的《正氣中華》。

《正氣中華》是戰後金門地區的重要報刊，是研究金門史、戰爭史、島嶼史皆不能錯過的關鍵史料。當研究生時，偶然在圖書館看過幾份紙本館藏，我知道《正氣中華》現在數位化了，遂決定找出當天刊載的報紙檔案，下載、複印一份。我想送給陳老師。

然而是三月哪天的副刊？閱讀陳老師的著作年表，發現只記錄刊登的月份。猜想陳老師手邊也沒留著剪報吧。於是我就一天天地查閱，地毯式的搜尋，不知哪來的恆心毅力，最後眞的被我找到了〈另外一個頭〉。

〈另外一個頭〉發表於一九六六年三月十三日《正氣中華．料羅灣副刊》。當我來到山外車站附近的長春書店，郵差般第一時間就將複印的報紙送給今年七十歲的陳老師，陳老師非常開心，看他開心，我也跟著開心。

從二十歲發表第一篇作品，至今已屆五十年了，陳老師說他仍記得當初看到報端刊出作品的心情，爲此特地蒐集了十幾份。而今仍在寫作路上努力不輟，看見少作或許就像遇見年輕的自己，同時振奮活力了起來。

實則著作等身的陳老師不僅小說成績傲人，對於金門地區文藝發展尤有建樹，一九七三年創辦《金門文藝》季刊，同時擔任社長與發行人，陳老師在戒嚴軍防的肅殺年代，他像開疆闢土的文學戰士，力圖振興金門文風，突破層層檢閱關卡，留下了文學革命般的身姿典範。當時《金門文藝》創刊詞寫著：「歷經多少波折，歷經多少心靈上的風霜雨雪，金門文藝季刊終於誕生在這個神聖的英雄島上。沒有顯赫做我們的擋箭牌，沒有殷商做我們的後盾，有的只是金門青年的熱血，及一群不甘心被埋沒的天才。」

多麼大器的立刊宣言，視野的縱深不僅關注同代寫作，更留意到傳承的問題，希冀文藝幼苗得以在金門扎根茁壯。我覺得創刊詞，也能當成日後長春書店的精神註腳，尤其書店空間在扮演知識傳播的位置，

其影響是不容小覷的。

其實陳老師存在感很高！一進金門機場，就能看到他所彙編的金門先賢人物介紹；此刻《金門日報》也有陳老師的長篇〈島嶼天青〉正在連載。現在陳老師仍然天天敲打鍵盤，長春書店就像他的書房，他說有篇小說是伏案在影印機上完成的。近年身體微恙的陳老師提及，每天打開書店就是生活最大的動力，書店像是他的健身房——我寫故我在。我覺得長春書店也是「陳長慶文學」的一個部分，理解陳老師的文藝著作，不能錯過書店空間扮演的媒介功能。

事實上，走過戰後金門各個歷史階段：八二三炮戰、乃至長期扮演反共前哨的軍防位置，直至一九九二年金門才解除戒嚴令，陳老師和他的長春書店可謂金門時代的見證者與參與者。長春書店的前身其實是「金門文藝季刊社」的發行站，名叫長春已是八〇年代的事情了，現在店址規模與當年差距不大，我很喜歡長春書店四個紅色大字，兩邊樑柱貼著雷射光感的春聯，書店已有歷史，書店空間整體卻洋洋散發一股喜氣。多年來書店不僅販售文具雜誌，更有大量的文學書籍。

從作爲《金門文藝》的販售熱點，而至走過四十年歲月，長春書店當作一個課題，其耐人尋味的部分還很多：包含戒嚴時期金門書籍流通狀況、讀者結構與消費狀況，官方文化政策與個人書店經營的折衷角力，都不斷提醒我們認識戰地書店的必要、需要與重要性。

拜訪長春的客人，除了在地居民，更多是將書店做爲放假休閒去處的阿兵哥。晚近隨著兵源裁撤、兵制改革，書店生態已變化不少，作爲戰地的書店，店內亦有販售軍用文具用品：迷彩靶紙、值勤交接記錄簿。我在書店異想天開，不知道信紙與卡片，是不是阿兵哥最常買的，寫批寄信回家鄉，那也是一個寫字的年代。我在長春書店發現兩個有趣的物事：一個是長春自製的日曆，對啦！就是每家客廳都會懸掛的傳統日曆；然後是長春專用的白色塑膠袋，上頭印著店內販售的書報名目，其中《大成報》、《民生報》業已功成身退。歷史顯影在金門無處不在，在長春無處不在，日曆一頁撕過一頁，很慶幸刻正我趕上了。

訪問結束，突然問起了陳老師的文學啓蒙。他說當年任職金防部，通過明德圖書館的館藏，日益培養出自己的閱讀興趣，影響最深的書是陳紀瀅的《華夏八年》。《華夏八年》出版於一九六〇年，亦是陳紀瀅廣受矚目的代表作品之一，其篇幅頁數十分驚人。那也是每部小說都厚如磚頭的年代，較之現在的微信短訊，眞正兩個世界。

所以我將去借出《華夏八年》，當成陳老師給我的功課，接著找個安靜角落，一行行讀下來。

金門 文藝
60
特別企劃
雙島記
汶萊篇—烈嶼

026 忠信市場：自己的房間

週四／週六／週日 : 14:00 － 22:00
週五 : 18:00 － 22:00

台中市西區五權西路一段 71 巷 3 弄 1 號

一九六一年，《現代文學》雜誌製作吳爾芙專輯。

一九七三年，散文家張秀亞翻譯的《自己的屋子》，由純文學出版社發行。

二〇〇九年，台中忠信市場，一間三樓小屋變成書店，它是「自己的房間」。

二〇一六年夏天，我走進自己的房間，卻也同時走入不同的房間。

「自己的房間」位在台中國美館附近的忠信市場，是一間開在菜市仔的獨立書店。忠信市場是傳統市場，那日傍晚來到書店，大量感官刺激立刻向你襲來：嗅覺的、視覺的、聽覺的，當然還有性別的。書店的建物主體是一棟三層的住戶，一層一間，坪數不大，分明清楚。

目前菜場除了平常白天固定的販售，內部其實仍有不少住家，此處可以說是一個生意、生活、生存共構交錯的所在。

如何想像開在市場的一間書店？或者在市場這個特殊空間，一間以性別爲主題的書店，它又具備怎樣的意義？「自己的房間」互文纏綿於文學、市場、房間、性別等四個面向，置身現場，它所帶給我思考的，又超越上述四項，同時更加豐富、深刻且遼闊。

走進忠信市場，你也會發現，市場本身就是一個建物了。挑高的鐵皮屋頂，使得市場整體觀之，就像一間大屋，屋頂它擋去了光照，使得市場雖在白天，也是暗濛濛的。屋頂下的住戶與攤販被安置其中，又形成了屋子包裹屋子，房間內有房間的特殊樣貌。目前市場裡外有不少特色店家進駐，這裡儼然成爲台中重要的文化空間，來到這裡：你也會看見咖啡店得以與宮廟同在，魚肉攤得以與個性小物店同在，任何排列組合都得以被想像與被期待。

我覺得「流動」的意象在忠信市場非常凸出，在「自己的房間」又尤其重要——所以當你走進「自己

的房間」，一眼就被粉紅色的旋轉樓梯給吸住了，它就在流動，好像整棟書店每個房間都在旋轉、思考一般。

而當你順著粉紅樓梯走上二樓，你的腦袋轉了一圈：這裡從前是房間現在是書房。一整面書牆是由衣櫃改裝的，書籍陳設以性別爲大宗，大抵能夠看出八、九〇年代以降：女性主義、同志酷兒論述在台灣的知識板塊與思潮變化。房間角落有個書櫃，我

注意到有一本散文家張秀亞在一九七三年翻譯的《自己的屋子》，《自己的屋子》就是《自己的房間》。

張秀亞形容當年翻譯《自己的屋子》像是一次「靈魂的探險」，這句話也可以用在「自己的房間」。值得注意的是，《自己的房間》作爲經典作品毫無疑義，其實整本書也是由吳爾芙的演說講稿所構成，換言之，這是她的「公開說話」。勇敢說出自己的意見如何重要！換言之無論是《自己的房間》或者「自己的房間」，她們都是從性別出發，對公共空間的一種介入與實踐。

順著旋轉樓梯來到三樓，你會看見一張雙人大床擺在屋子中間，空中懸掛貼身衣物，直直白白，你抬頭看見衣物，你也同時看見窗外鄰戶的抽油煙管（所以牆內是廚房？）、冷氣機（所以裡面是臥室？）、排風扇（所以是廁所？）你會看見房間連著房間，房間長出房間。

所以來到「自己的房間」，除了像是張秀亞說的靈魂的探索。在這裡：我的思考不那麼線性了，常有斷裂碎片的念頭一湧而上，然正是斷裂碎片的理路思考，更能激出藏在心靈隙罅的性別語言，那是從規範與制度脫逃而出的生命語言，內面住著一個更好的自己。

而當你回到一樓，回到位在菜場邊間的「自己的房間」，發現書店本身無論從名稱、書籍與活動，都有精準明確的問題意識。我突然想起小學時期，喜歡在圖畫紙上想像自己未來的家屋，通常就是畫一扇門、一扇窗，然後一個梯形的屋頂，來到「自己的房間」我才意識到：會不會我們從小到大，畫下的其實只是一間房間？或者我們對家屋的想像，就是從一間房間開始的。

這個傍晚，我就和書店主人善雯，漫無邊際的談著書店、書籍、空間，乃至各種社會現象與性別議題，眞是一次令人難忘的對話。在台中經營一間以性別爲主題的獨立書店，善雯認爲，這是一項扎根的工作：打下基礎、形成脈絡，並且介入；善雯亦提及：性別實踐須是從生活做起。一如我們身處的菜場，它與人的接觸最爲直接，與生活密不可分：這邊叫賣，那邊殺魚。「自己的房間」作爲一個性別化的空間實踐，其實也是善雯將學院知識帶入市井人家的具體表現，性別議題無處不在，連帶刺激著我們去思考：屬於自己的性別意識，它是怎樣發生的？

我的性別意識起源於一組賴打，也就是打火機的意思。外觀貼上穿著清涼的泳裝女孩的小物件，在九〇年代曾經為我點燃生命的一把火，為我示範這款賴打的是一位阿伯，他的菸癮不小，他說只要用力搓揉打火機上面的香辣圖案，搓揉越久，女孩身上的泳裝衣物就會消失不見！如同魔術表演般的現場實驗，現今想來才知道充滿了情色暗示，這是一種摩擦生熱的概念。阿伯且說：如果用打火機點火，上下燒烤，效果更快！我聽了簡直驚呆。我不記得那把火到底點燃了沒有，卻在幼年的心底起了化學變化。

「自己的房間」的入門口邊，就有擺放一組造型清涼的賴打。我低頭看著賴打，它刺點一般帶我回到九〇年代的台灣，並且勾連了當時方興未艾的思潮論述，一路延伸到了當代。

很開心能在台中遇見「自己的房間」，它光一般的為我們打開一扇扇的門，「自己的房間」也是藏在你我心中的房間：我看見裡面有書、有思考、有對話、有實踐。

027 說書人：

花栗鼠繪本館

週一 ── 週五：10:00 － 19:00
週六／週日：11:00 － 19:00

台北市大安區忠孝東路四段 147 巷 8 號

拜訪花栗鼠繪本館正是春末夏初。記得當天雨下得特大，從忠孝東路轉進巷弄，抬頭看到花栗鼠繪本館，隔著雨聲，也在心中驚呼實在好可愛。台北東區偶然遇見富於童趣的書店，一時之間也像走入童幻世界了。我突然想起以前繪畫課，永遠不知雨滴如何呈現，雨是什麼顏色？問了竟然讓人一時語塞。童幻世界的雨滴形狀是否特圓特大呢？這麼胡亂想著走著，便進到了繪本館。

我很喜歡花栗鼠繪本館。初訪於我留下甚深的印象，它帶給我們的思考，也是相當深邃、遼闊的，去一次就會準備再去第二次，然後會忍不住想：兒童是個怎樣的概念呢？屬於兒童的語言、故事、文學是什麼？台灣的囝仔又是怎麼被發現的？屬於你我的繪本經驗又是什麼？

當天繪本館的店員又專業又親切，引領我走在各個區域，在下著大雨的傍晚，上了一門繪本文學課程，手上不斷筆記。

花栗鼠的組織結構相當完整，是一間定位精準，處處讓人驚喜的繪本館。繪本館的空間布置和煦溫暖，鵝黃與蛋白的燈色，木質的書櫃，孩子出現在屋內各個角落，走道有時也會出現嬰兒推車。館內有許多閱讀區域，擺著造型可愛、顏色紛陳的座椅。館內的繪本語種相當多元：日語、美語、中文。繪本的分類細緻，也有花栗鼠新聞區，新聞區的設計是一扇窗，讓人想起舊時的讀報欄；也有不斷

SR
SHIMA RISU
PICTURE BOOKS

花栗鼠繪本館

更換的主題書區，比如當天剛好碰到的「節慶與繪本」。我自己逛最久的是「台灣繪本」區，以及「兒童、青少年文學、兒童文化專論」區。

有個書櫃叫做「百年經典繪本」。心裡才想是否有我從小看到大的繪本，這就一眼發現瀨田貞二著作，林明子繪畫的《今天是什麼日子》。約莫小學時期，我在圖書館的兒童閱覽區發現了它。紅裙白衣的女孩巧巧相當貼心，精心設計各種驚喜，只爲了慶祝父母的結婚紀念日。從小我就害怕爭執，但凡遇見雙親衝突，嚇得全身發抖，這個繪本前後不知看過幾次，曾經它療癒、安撫了童年的我。此外，「漢聲」繪本幾乎是我們這代的必讀，同樣是林明子繪畫，作者筒井賴子的《第一次上街買東西》，我記得從前班上有個女生看完之後，一直說要去逛街，我們住的是山村，無街可逛卻又興味盎然。

店員也帶我來到「嬰幼兒繪本區」，安全考量的緣故，這些書籍製作，都有防護設計，書的稜角是圓弧造型，書頁較厚，線條符號比較單純。有個「布書」，讓我驚呼連連，猜想大概如果曾經我也擁有，也不復記得了。適齡的歲數在嬰幼兒，所以布書是布還是書呢？這個問題留待你來細細拆解了。

當天館內來了許多香港的客人，家長陪著小孩，一同讀著故事繪本，所以這是一個充滿故事的所在，也是一個充滿聲音的所在，繪本是個視覺性讀物，通過說故事它又轉成聽覺性的存在。我一個人於其中穿梭，看得煞是羨慕。忍不住想要靠地更近，偷偷觀察看孩童的表情，卻開始注意到：我們讀的分明是同個繪本，聽到的卻是廣東話。這裡出現一個有趣的現象了：漢字作爲「言文分離」的特色，它在說故事的過程尤其明顯。這也讓我去想，關於說故事：不同聲音變化，故事會變嗎？聲調起伏或音色高低，故事因此是否就有不同戲劇張力？故事會因爲不同聲音，而有不同詮釋的特殊現象嗎？

所以繪本到底是什麼呢？一九二三年，魯迅在〈兒童的書〉一文提及：「中國還未曾發見了兒童」、「見到一本爲兒童的美的畫本或故事書，我覺得不但尊重而且喜歡，至少也把他看得同創作看得一樣的可貴。」這裡讓我們思考兒童的建構論與文學論的問題；而日本童書專賣店「蠟筆屋」的主人落合惠子寫著：「有些成人認爲繪本是兒童讀物。不。高度完成的繪本是以兒童爲中心，但卻沒有年齡限制，是一種既廣且深的載體。」則是在當代繪本文學浪潮中，擴大了它的定義。換言之，這裡讓我們回頭思考起了：兒童的發現，兒童的文學，一連串耐人尋味的話題。就以年齡而論：誰說繪本專屬孩童？繪本館也有「大人繪本區」。有本岩崎知弘的《戰火中的孩子》，畫風主題都讓人印象深刻，讓我想起祖母前些年住在養護中心，就有

一個婆婆的座位時常擺著開本不大的小故事書。

我自己這幾年也把兒時愛看的繪本都買回了，岩村和朗的《十四隻老鼠》、馬丁．韓福特的《威利在哪裡》。重拾繪本如同重拾本心，我們需要繪本力，一如需要想像力！哪些繪本曾經讓你愛不釋手呢？這個春末夏初，我就在落雨天的花栗鼠，取下了一本繪本，找個燈色明亮的角落，安安靜靜地讀了起來。

028

光與熱的恩澤：南方書店

週一 — 週日 : 09:30 – 22:00

彰化市三民路 9-1 號

南方到底在哪裡？這個問題在台灣百年來一直是個謎：佐藤春夫、龍瑛宗、西川滿、眞杉靜枝都曾問過。南方是地理的也是歷史的，但它會不會更是一道情感的習題？帶著疑惑到訪鄰近彰化火車頭的南方書店，我想這也是來南方最適切的天氣：昏睡的風與渦狀的雲搭配而出的熱帶圖像，南方總是充滿光與熱的想像。

我站在南方書店入口的台階，正面對亭仔腳與大馬路：第二代老闆陳潤星的咖啡吧檯在右手邊，老闆娘就坐在左手邊的櫃檯，我夾在中間，我的問題左左右右漂浮在小鎮午後的南方書店。我們不像訪談，倒像在聽陳潤星夫婦話家常、曬恩愛。兩人最初其實都不在書店幫忙，一九九六年老闆娘先回來，陳潤星近年退休過後也齊心加入南方的經營。陳潤星說開書店對他來說就是一種生活方式，眞的，聽著他們夫妻說起南方的過去與現在，彼此笑著互相補充解釋。今天風日眞的很好，而眼前這一切實在是太閃了！

火車站附近的店址是南方書店第二個家。一九五五年陳潤星的父親陳拱星先生最早開業創立是在光復路上。一九五五年光復路的南方書店長什麼樣子？在書店地下室我們細看又細讀一張張老照片——細讀是因爲陳潤星會加以圖說，圖說書店六十年來的變遷經過，同時也是彰化市街的發展歷程，更重要的是，這也是陳潤星從小長大的地方：童年、青春、求學都在這裡了。其中一張攝於一九五九年的照片，背景是八七風災，畫面中的彰化小鎮泡在水裡，這畫面有點嚇人，而我腦袋一時沒轉過來，心想：沒看到南方書店啊？原來相機取景位置就在書店二樓，我看出去的世界，正是當年南方看出去的世界。

二〇〇七年因原先屋身的老舊，南方書店遷至現今的三民路。我發現南方書店的扛棒留著「影印」兩字，店裡如今仍有一台影印機。老闆娘說影印是

她回來接手後才新增的服務，我喜歡影印兩字明明白白印在招牌，確實九〇年代的台灣得以影印的地方不多，那是電腦尚未普及的年代，影印還得等待熱機。三民路店址一路經歷了美容業、餐飲業、電訊業。老闆娘年輕時便在三民路的店址進行工業用布的工作，才遇見了老闆陳潤星。南方究竟在哪裡？原來南方是夫婦倆最初結識的地方，現在他們回來了。

南方是間老書店。試想除了販售書籍、文具，一間地方書店它在戰後的台灣社會還會兼具哪些功能？事實上南方書店一九六、七〇年代，第一代老闆陳拱星先生即以南方出版社爲名，印行了不少英文參考書，目前店裡仍保存當年的《介係詞與成語之研究》、《英文講義》等著作，其時是台灣許多青年學子倚重的教材讀物；陳拱星也曾發行綜合型雜誌《銀星》。我與陳潤星一起翻讀著僅有兩期的《銀星》、一起念完整篇用手寫的創刊詞、一起辨識字跡，把語句順

出來，像努力走入當年彰化文人的精神世界，說不定就能更靠近南方一點點。《銀星》徵稿需求也是用手寫的，內容除了常見的小說與漫畫，它也要「眞實故事」與「台灣歌詞」。什麼是眞實故事，寫著「實際的經驗與具體的事實」，我猜想概念上更靠近散文的意思；創刊號還附贈一張唱片，包含了詞與譜。這是一分音樂與文學與生活與時事結合的刊物，《銀星》當年的創意現在看來仍是非常吸睛。《銀星》創刊於一九六三九月，十一月推出第二期後即宣告停刊，然發行參考書又能辦雜誌，一間小書店也有這般大氣魄，此刻它們都是南方書店的鎭店寶了。

漸漸地才發現，書店雖以販售文具、書籍爲主，然而架上陳列的，不也正是六十年來南方書店的故事？每個物件都是敘事線頭，可以串成點、形成面，它會不會是一首歌呢？有個販售歌本的書櫃特別吸引我的注意，其中一冊《思い出の歌》的編者是陳潤星的母親許秀芬女士，這是店內唯一的一本，裡頭蒐集、整理日本的童謠歌謠，不少經歷日本時代教育的阿公阿嬤，據說從前都曾來此尋書。畢業日治時期的彰化女中，長年專精、投身於日本語教學，一九九八年許秀芬女士還出版了《常用中日辭典》。事實上，無論《思い出の歌》、《常用中日辭典》都是貼心、細心、耐心的工作，她需替每個字、每支曲都找到位置、安排妥貼，而這會不會這也是一種書店哲學的延伸呢。訪談過程之中，才發現陳潤星的四姨丈是日治時期台灣作家巫永福先生，書店一個高處正立著他的著作。原來這個下午我也走進一間台灣文學教室，置身於歷史現場卻渾然不知。

南方到底在哪裡？這個問題在台灣百年來一直是個謎。南方書店外頭不斷有公車停靠過來，書店大門的樑柱旁邊就有一面公車牌。南方是個轉運站——日日夜夜不同的人來到南方，日日夜夜也從南方離開。

陳潤星以後希望在南方書店注入更多新鮮元素，而地下室也正逐步進行整理。彰化客運來來去去，屬於陳潤星夫婦的南方故事、你的南方故事，才剛要開始。

029 八點檔：老武俠

目前採郵寄租書，不對外開放

E-mail：cm16888@yahoo.com.tw
網址：cm16888.pixnet.net/blog

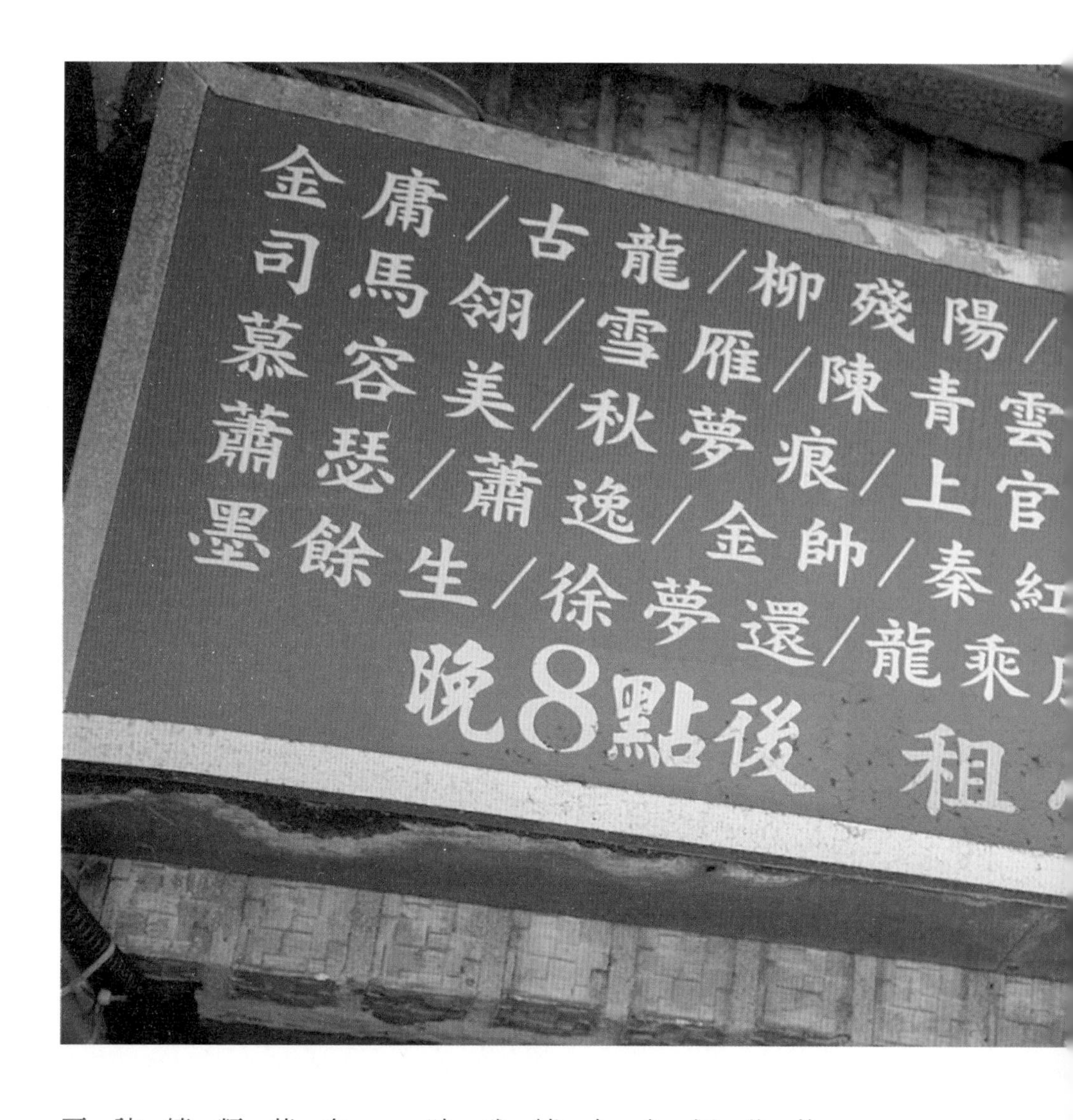

這個地方在信義路的巷弄內、這個地方在巷弄內的二樓公寓、這個地方在晚上八點之後會有客人陸續前來，晚上八點應該在家收看連續劇不是嗎？卻是「老武俠」現場出租的黃金時段，這裡也有一齣又一齣的紙上八點檔、一套又一套的武俠小說等著被借閱——連續本是類型文學特質之一，連續意味著生生不息。到訪這天，聽著林志龍大哥活字典般說起他的武

俠收藏史：三十多年、一萬五千多本的藏量，這個地方儼然也是間活生生的武俠博物館。恰巧林大哥開頭就說：期許能在五十五歲那年，得以在艋舺成立博物館。一來是出自於興趣所在，卻也有著一份責任使命感。台灣曾經擁有如此蓬勃的武俠文化，希望未來朝向保存、推廣、數位化的方向邁進。

其實除了老武俠的書店主人，志龍大哥本身是一名計程車運將。

多年前因爲在台大醫院照顧母親，間接讓他走向計程車的司機生涯。也許是對於時間有了不同的體會，從民國九十二年到一〇五年，志龍大哥都固定在台大醫院外頭排班：排班生活看似機動，隨時會有乘客，卻讓節奏步調，漸漸穩定下來，這時最宜拿來閱讀了。志龍大哥提及，計程車司機都愛看武俠小說，這讓我想到許多運將大哥的名字都很武俠。日常的載客是工作，開車順道收書也是重點所在。所以這台小黃同時是志龍大哥上路的好夥伴，不知前後總共走過多少里程？跳過幾次表了？一切都是因爲「興趣」啦，這是志龍大哥的收藏金句，而興趣又豈是得以計算的。

志龍大哥提及，眞正開始收書是在當兵退伍。柳殘陽的《七海飛龍記》，算是第一套書，這是他最愛的武俠作家。其後因著興趣四處蒐集，在開始出租之前，已有七八千本的藏量。起初收回的小說只是在家堆疊裝箱，偶然一次工作排班，遇到也是武俠同好的司機同業前來交流，在互動談話與經驗分享之間，漸漸形成了後來借閱的機緣，這位同業也變成書店的頭位人客，那是民國九十七年。正因租閱制度的開啓，志龍大哥陸續了開箱、整理、上架的工作，奠定之後老武俠空間化、知識化、博物館化的各項基礎。

關於老武俠的藏書特色，目前是以民國四十二年至民國七十五年爲範圍，這也是武俠小說甚爲蓬勃的一段時間，當時報紙副刊的連載小說，武俠始終佔有篇幅。又關於武俠小說的書籍秩序，又該怎樣呈現呢？目前志龍大哥是以「作家」爲單位將之分類，成套成套集中擺放。其實公寓一樓的入口處，有面紅底白字的老武俠扛棒，扛棒不大，可是值得細細研究：上頭的店招文字乾脆明白，耐人尋味的寫著作家名字：「慕蓉美秋夢痕上官鼎單于紅蘭立向夢葵諸葛青雲龍乘風……」作家名字就是最好的品牌。我站在店招下方唸著這些漢字，心中升起一股尊敬的感覺，我知道的實在太少了！

老武俠的租閱客人從四十五到九十六歲不等，因爲藏量的特殊與豐富，也有不少海外讀者，許多訪客告訴志龍大哥，特別喜歡來到現場，我自己雖是初次前來，立刻被深深吸引，這裡也像是武俠小說的圖書館了。開架式閱讀讓人在其中自由穿梭，每天晚上固定八點之後來到老武俠：遇見的朋友或者擁有共同的話題，或者擁有相似的語言，想法的串連與分享，形成一種令人醉心流連的氛圍。氛圍特殊的原因之一，我認爲是老武俠空間本身正是志龍大哥的老家，老家固有的格局就是最好的格局。從小喜歡看武俠小說，這棟公寓充滿志龍大哥武俠小說的閱讀回憶，如今展示我們眼前的是三十年來的收藏史，也是志龍大哥的閱讀史與心靈史。民國一〇四年六月，老武俠也停止了現場出租，現在一律改由網路進行。

志龍大哥多年閱讀早已累積不少心得，所謂量變會帶來質變，一來除了摸熟作爲類型故事的武俠小說的敘事策略，同時又得以一眼辨識各路門脈的語言風格。志龍大哥喜歡實證舉例，時常一個轉身，立刻抽出一冊小說加以補充。因爲藏量實在夠豐富、閱讀實在夠廣泛，使得「閱讀」之於志龍大哥已從單獨一本書，擴大變成一套書、一種文化、一種歷史的視野。

從作家個案出發的閱讀習性，讓志龍大哥對於這些作家或者長於描述景色，或者長於組織知識如藥方器皿，或者讀來缺乏邏輯，結構過於跳躍，他都能加以剖析，現在流行的各種穿越，也能在不同武俠小說找到相仿手法。而除了作家個案的關注，在現場也藉由書籍本身開本的規格變化，以及書籍封面的不同圖像設計，帶出閱讀武俠小說的特殊徑路，它是屬於物質的、圖像的，卻都是武俠的。

從小最常去的是位在新生南路與忠孝東路口的書店，志龍大哥說一整面的書牆，上頭是看不完的武俠小說。此刻我在老武俠，突然想到：你我現在的生活，會不會就是生命過程中，那些常去之處的各種組合呢？在志龍大哥而言，就是與武俠小說爲伍了。

雖然位於鬧區巷弄公寓內，聽著志龍大哥一路從收藏、租閱到網路，以迄未來的博物館的各種分享，有時也像和他一起來到醫院外頭排班等候。等候空檔可以做什麼？志龍大哥的親身示範：閱讀。

或者我們即使身在老武俠，會不會更像是坐上他的計程車了！穿街走巷在台北收書，沿途的風景是知識的風景，當然也是武俠的風景。

而如果哪天眞的在路上遇見志龍大哥的小黃，你要記得用力地揮手，車子緩緩切了過來。請問要去哪裡呢？答案是：老武俠。

030

回聲：

百利舊書坊

週一 — 週日 : 09:30 — 21:30

台中市北屯區北屯路 431-3 號

最初只是二十坪的舊書攤，現在是地面兩百坪的藏書空間，台中北屯路上的百利舊書坊，始終給我一種粗曠豪邁的感覺。粗曠豪邁在於它的空間前身是一間廢工廠，加上位處市區郊外，以及店內樓高四層的鋼構建築，來過百利舊書坊的人都對它的幅員印象深刻。眞的，門口監視器的分隔畫面就有十九格，對面量販店剛好叫做大買家，而這裡是不是書的大賣場呢？其實我們逛的不只是店面同時也是倉庫，這也是百利舊書坊給人印象大的緣故。然我覺得老闆與老闆娘爆表的熱情，才是「大」的眞正來源。

事實上黃昏初初抵達百利舊書坊，才在路邊我便發現這裡的視線，一切盡是延伸的：捷運工程在延伸、大路上的車流也在延伸，店內兩百坪的書架是不是也在延伸、抽長呢。這間書店是不是還在長大？因店面幅員遼闊，走道拔高而深邃，店內交談必須拉大嗓子，這裡書在說話，人在說話，書與人彼此也在對話。現在幫忙的都是自己人，收書回來在門口分類、擦書與秤重，走道之間也有低頭排書的孩子。我突然想到這裡是店面、倉庫，會不會也是客廳呢？而我是不是走進尋常人家的晚間七點，連續劇正要播映，一時之間我也有席地而坐的衝動。在這車水馬龍通衢大道，張老闆帶我向內來到一條走道，遞給我一杯八十五度西的焦糖瑪奇朵，我笑著推卻，老闆打趣說不是特地買給你的啦！剛好有一杯。我就趕快接了過來。

這裡比較安靜。坐定之後我的視線剛好一邊對著清代宮廷秘辛史籍，一邊對著養生食譜減肥書。從歷史到減肥，意味著百利收書無所不包；然而歷史又該如何減肥呢？但見眼前書籍推擠著書籍，文字呼喚著文字，書與書之間的界線開始模糊，有時我感覺看到的不只是一本書，而是一道論文題目、一門知識的排列組合，語言的此消彼長，或者一幅依著書背

接嵌而成的抽象畫作，那是什麼圖案呢？張老闆說出版兩年的書是舊書，出版二十年的書也是舊書；說能夠被需要的書就是好書。這是張老闆的收書哲學了，也是我很喜歡的句子。在這據說藏有百萬本書的舊書坊，我也在想「新」書的概念又是什麼？

二〇〇五年張老闆開始了百利舊書坊的運作，現在一樓是書區，分類都是大方向，二樓是漫畫與言情小說，主

要先前是舊書坊租書坊同步運作，三樓則是網路書店。二〇〇五年我剛到台中念中文系，鄉村孩子從前沒有書店可逛，現在到處都是書局書攤，最常去的是國際藝術街口的二手書店，逢甲東海的舊書攤。我不是爲了藏書，只是對知識的強烈渴望，當時我有沒有到過百利呢？張老闆說百利的最大特色就是書多。眞的，來到這裡可以找到許多回憶，我就不小心撞見自己的新超群版本的數學參考書、跟同學借看的《靈異教師神眉》，還有薄薄一本的機器貓小叮噹。

我想起最早的藏書會不會是小叮噹，南台灣的夏天午後，有事沒事我就晃到村上報攤去買一本十元的漫畫，比較讓人納悶的是從頭到尾根本一本都沒看完。也就不會記得讀過怎樣的故事情節。百利的藏書量大，特別適合拿來進行版本比對的考察，除了小叮噹，屠格涅夫的《父與子》差不多十種，不少世界文學名著的翻譯更是一綱多本的盛況。而我眼前這整落是不是所謂小叮噹在台接受史的一種呢？

我取下一本叫做「全能釘書機」的故事，這是一本台製小叮噹，內容描述大雄的爸爸因著公司資料龐雜而忙得焦頭爛額，知情的小叮噹爲此獻出了法寶「全能釘書機」，只要使用專用的簽字筆，寫在專用的便條紙，然後用全能釘書機牢牢釘住，就能將兩者原本互相關連、現卻分離的事物接合在一起。大雄

爲此黏著了斲斷的樹與幹；技安扭傷的手與骨……。「全能釘書機」當下給我的啓示是：找出關係、抓出脈絡、分門別類、接著上架，這不正是舊書店正在發生的事？

離開百利舊書坊已逾晚上八點，我獲得了免費的「全能釘書機」，它像是一種祝福，引領我在未來的學問路途能夠思緒分明，有條有理。老闆一家與我在路邊忙攔計程車，揮手揮得大力，據說這不是熱門的路段，沒想到半下子小黃就來了。我突然有點不捨得，因爲這是店面、倉庫、也是客廳啊，而我就要走出客廳，上路繼續遠行了！

031 這個地方叫Book：

博克書局

屏東縣公園東路7號（已歇業）

這眞是一次特殊的採訪經驗，等在眼前的是間歇業兩個月餘的獨立書店——位於屏東市公園東路的博克。既有店址此刻已有其他行業入駐了，不過醒目的店招大字還在，一百坪的格局架構也在，走過公園東路，現在至少你還能夠指認：這個地方曾經有過一間書局，這個地方叫博克。

然而到訪屏東這日暴雨狂風，山區各地頻傳災情，坐在林常中老闆的小客車，聽他談著書局的大小事情。書局已經沒有了，我們該到哪處講話呢？父親一般的林老闆驅車載我來到大賣場，我們一起避雨兼吃午餐。我才發現關於博克的描述、敘事、說法，起手式都是過去式了，書局故事已經是你我心中的一件往事。

林老闆祖籍福建龍巖，先前服役於屏東空軍基地，一九九八林老闆退役之後，全力投身書店事業。事實上，早在博克書局之前，林家已於一九九二年，同樣在屏東市區經營上海書店。二〇〇〇年十二月，位在公園東路的新店：博克書局成立。博克書局只賣書：新書爲主，舊書少量，如同他的店名，這個地方都是Book。

失去眞實空間作爲想像依據，我必須努力從林老闆的言談去捕捉、重構消失的博克；或者林老闆也努力記住書店的樣子，於是我們就一起想像十四米寬、一百坪大，且有兩百支日光燈管集體放光的書局，像是海明威的小說——一個乾淨明亮的

博克書局105.3.31停止營業

博克書局

地方；我們一起想像店內的訪客或坐或站，穿著制服拿書細心閱讀；想像書櫃廊道擺滿爲客人貼心放置的椅凳；想像多少孩子與家長就約在博克，說：「我在博克等你！」原來書店是最令人放心的接送區。我們就怕把博克忘了！林老闆說，博克書局位在文教區，鄰近就有屏師附小、中正國中、屏榮高中。到訪書局的老師學生，多年來就像是老朋友。博克書局這樣的好人緣，一名老師聞訊歇業，遲遲不敢前來。

二〇一六年春天，博克書局停止運作的消息傳出，散居全島各地的博克朋友奔相走告，附近小學來到書局獻唱〈望春風〉；或者親製卡片，寫下對博克的萬語千言。林老闆提及，不少孩子都是從小看到大的，從幼稚園看到讀大學，然後嫁人、離開屏東，又帶著小孩回來。有名客人特地拿來小學時代的作文影印，作文內容寫著：最常去的地方就是博克。不知爲何聽到這裡，我突然就想掉淚。一間書店的誕生與消失，何以總是牽動這麼多人的情緒？一間書局得以輻輳而出的情感地圖，究竟又有多遠？林老闆說，關於書局歇業的決定，前後掙扎了兩三年，然書局工作看似浪漫，箇中甘苦又豈是三兩句話就能說完，經營書店並不容易。林老闆提及若眞要做，眞的做不完啦！一天從開門到關門，上架、分類、點書、整書、抽退、查書、送書，還不包含環境的整理維護、客人的需求服務、玻璃窗面的海報殘渣。書怕水，颱風天也要擔心倉庫漏水……。林老闆說：他把客人當成朋友，凡事親力親爲，這是他的書局管理哲學了。

午餐完畢，雨勢稍歇，我問林老闆：能不能去看看博克書局呢？車子離開大賣場，我們穿街走巷回到市區，隔著暴雨的車窗，我終於見到了博克。林老闆放慢車速，他說最初這裡只是一片荒地、長著兩棵檳榔樹。光是蓋屋，他就花去了半年時間。二〇〇〇年十二月一日，博克書局開幕，二〇一六年四月五日休業，前後共計十六年。我說：正是一個青少年的歲數，博克已經長大了。

結束博克書局的營運，林老闆提及心情其實沒有多大變化，清出了一百多個書櫃、十幾卡車的書籍，或者送人或者捐贈，走在路上時常遇到客人，博克其實已以另種形式在你我的心中長存。時間現在變的餘裕多了，四年級的他，最近開始接觸更多課程，重新當起學生。離開博克，最後我們來到距離書店不遠的全家超商，就著落地窗戶再說博克，眼看市區雨勢終於由強漸漸轉弱。林老闆讀書廣泛，尤以歷史書籍爲喜，外省第二代的他，對於一九四九的歷史特別感到興趣。我們一起分享了關於王鼎鈞、齊邦媛、張拓蕪，乃至更多大江大海的戰爭敘事。林老闆說，他想向仍在書店經營路上的所有同業致上敬意，聽到這話，我對林老闆和他的博克故事更加感佩不已。

台灣書店的消失與誕生意味著台灣知識的此消彼

長。每間書店的出現，象徵著我們正在尋求新形式與新語言與新內容；每間書店的消失卻不只是消失，它會在另處生出新機，結出花果，因其精神終會被傳遞、被賡續、被牢記著。

多年以前只是兩棵檳榔樹，一塊雜草叢生地的荒地，然而曾經它被如此慎重的規畫成爲一間書店，這裡是博克。

多年以後，我們不知它將會變成什麼？可請你千萬要記得，這個地方叫 Book。

032 種字的人：小陽・日栽書屋

週四 —— 週日：14:00 — 20:00

屏東縣屏東市中山路清營巷 1 號

眼見雨勢忽大忽小，博克書局的林老闆決定開車送我來到日栽書屋。得以遇見屏東兩代書店主人，相逢日式老木屋，這個畫面著實難得，反而讓人感謝起午後的雷陣雨了。

實則近年隨著老屋意識的崛起，無論古厝、日宅、眷村等空間，重新獲得關注，一種關於搶救、保存、再創的空間詩學繼而被提出，我們開始留意身居的處所，那也意味著我們開始留意心靈的棲地。現在大家都想找個安靜的地方坐下來：看書、喝茶、發個呆。

「小陽・日栽書屋」就位於清營巷底，附近一代早年多是眷戶官舍，刻正許多老屋改裝成爲餐廳商店。這裡眞適合看書、喝茶、發個呆——你有多久沒發呆了？林老闆與我尚且不知是條無尾巷弄，車子就直直開進來了。前頭已經沒路，書屋就在路的盡處。紅色鐵門走出熱情洋溢屏東女兒，她是書屋主人依芸。

爲了全心投入日栽書屋的經營規劃，依芸已於

二〇一五年辭去了十餘年的正職工作，二〇一五年十一月十一日十一點十一分，日栽書屋重新開幕，現在她除了依芸這個名字，不少認識她的人都直接喊叫小陽了。

依芸說，希望來到小陽的朋友，都有回家的感覺——「家」是理解日栽書屋的關鍵意象，橫跨戰前戰後的這棟日式老屋，不知住過多少軍籍家庭。老屋前後現爲花草植物環繞，是什麼時間點她們被種下了呢？

我們三人屋內屋外走著，養護一棟老屋談何容易，照料這些花草可不簡單。我覺得依芸像是文學園丁，也是種字的人，現在她種下日、栽、書、屋四個字，每個字就要生根、成蔭、變成林。

・屋

這老屋年齡約莫八十，根據屋外告示說明，我們

知道日治時期它是崇蘭陸軍官舍，戰後持續作為相關軍事人員眷舍。老屋除了實體建物，加上前庭後院，坪數其實甚大，我覺得日栽書屋的顏質太高了！每個角落都適合拍來當作電腦桌面。

日栽屋內的內部陳設都有故事的：無論是眷村拆除，趕緊撿回的桌椅物櫃，親戚長輩的遺物、或者屋子本身就留下來的，持續被使用的。種下屋這個字，它會長出什麼句子，是不是：「這裡跟我阿嬤家很像！」、「天啊！我小時候用過！」、「我記得、我記得、我記得……」

懷舊只是其次，關鍵在於每個角落都在對你說話。也許對老屋的認識形成風潮，連帶也引領我們注意到屋的細節：比如花磚、壁櫥、牆面。你走進老屋一如讀本老書，你要讀它的裝潢、用材、擺設，一如讀書的結構、題材、修辭。

・書

走到日栽書區，忍不住會想拿本書，找個角落坐下來。

這屋內最不缺的是看書的地方，我喜歡站在書區原地，依著綠色大窗翻翻讀讀，在這裡日光是採光，是書籤，風是翻譯，連著大窗生出的爬牆薜荔是你的思想。

其實不少影像作品喜歡取景於日式老屋，文學書寫又不乏相關描述：王文興的〈家變〉、郭松棻的〈月印〉。我以前讀眷村文學，喜歡觀察小說提到的植物，我常想是屋的歷史久，還是樹的歷史久。會不會屋成之前，樹就在了？

日栽書屋到處都是字，這些字春聯般的散在屋的每個環節，書區這邊就有小陽自製的創意春聯。我以前看庄司總一寫的《陳夫人》，寫到從日本嫁至台灣本島的女子，因著文化差異而困惑於為何台人要在屋內屋外貼滿字；我自己則是從小喜歡手作春聯，父親喜歡賽鴿，記得有年特地寫了「望你早歸」四個字送他。

依芸也送我一個小春聯，上頭寫著：「過陽光和春分生命力的簡樸生活。」

・栽

我特別喜歡「栽」這字，唸起來像台語發音的知道，像來到小陽你就什麼都知，蝦米攏栽。

依芸說從小就對園藝很感興趣，現在每天得花上幾個小時整理院子，也就是接地氣，其實依芸本身就是愛學習：攝影、陶藝、木工難不倒她，現在老屋諸多修繕時常出自依芸的手。

雨勢稍歇，依芸帶我們走到院子，植物學家般解釋那是變葉木、這是雞蛋花。林老闆說，牆邊的九重葛頗有歷史，而我只認得一簇簇的紅仙丹。小學時代喜歡抽出花蕊吸取花蜜，當時的我並不害怕接觸自然。

我想起校園推廣的愛花運動，全體學童領有一盆花栽，不時就傳來誰又開了小紅花小黃花，沿著教室圍牆擺在走廊，就像場花卉大展。不知爲何我的那株始終不見動靜。日日我蹲身澆水與她交談，她也看我看得厭煩吧。園藝功課凸顯了我的沒耐性，爲此佩服依芸能夠照養一棟老屋、一座花園，也許大自然是最好的老師，園藝哲學一如生命哲學，這是日栽書屋給我的功課。

・日

也許沒有注意到，每扇窗戶都長得像一個「日」字，日栽老屋有多少扇窗，就有多少個日字。

但你已經發現了，光影變化在日栽書屋特別迷人。下午日照通過紗窗切至客廳木板，許多講座活動就在這裡進行。

後院搭設一座木製舞台，有時活動則在戶外。沿著老屋圍牆植有一棵棵等距的檳榔樹。不知是戰前還是戰後留下來的。

依芸提及，書屋整理完畢之後，前任屋主施伯伯曾經回來看過，現在的活動區，即是屋主的臥室。我聽了很感動，日栽不僅在既有空間延伸發揮，同時也傳承舊有的精神。走過八十年的老空間，它存在的每一日，都是在見證歷史。

離開書屋已經五點，雨勢完全停下，空氣特別清爽，依芸熱情洋溢送我們走到門口，老木屋與年輕人的故事還在書寫，下次一定再來。

林老闆的車子緩緩退至馬路，在我眼前的這顆太陽，它像夕陽更像日出了。

小陽春日子
sunvile studio

033 寫字課：小書齋

週一 ── 週日：10:00 − 22:00

台北市重慶南路一段 11 號

記不起上次提起毛筆寫書法是多久之前的事。印象中小學三年級的日課表突然出現一堂「寫字課」，當時渾不清楚寫字課就是書法課，大家還議論紛紛一陣子。而你的寫字課是不是都排在放學前一節，或星期三下午第一節呢？正是午睡剛醒的一點三十分。當年課前即被通知要去福利社添購學生型文房四寶組合，男生是橄欖綠，女生是桃花紅，它有點重，不過小手提起來走在路上很斯文、很秀氣。

除了第一次上課，文房四寶大概不曾全員到齊過，小朋友落東落西，我最常忘的是周邊的墊布；同學遺失機率最高的是塑膠筆蓋；宣紙忘記跟同學借一張；金色山形的筆枕也很快弄丟，總是字寫到一半，筆懸在空中，不知要擱在何處……其實課桌椅的面積並不大，工具陣仗擺好，卻連運筆的空間都沒有，我們內心多想要盡情揮灑！應該要到專用的書法教室才對。後來漸漸習慣帶一根毛筆與一瓶墨汁，也有人買來自動加水的毛筆，大家看得目瞪口呆。

我喜歡寫字課，儘管字寫得不ok，夏天南風吹得溫柔明白，一群仍有睡意的孩子專心磨墨的畫面，還是讓人覺得可愛。當時我就注意到幾件有趣的事：比如教我們書法的老師，其實是音樂老師；或者習字時間，班導也在課椅之間穿梭看字，有些生字作業用鉛筆寫得好，奇怪毛筆寫來就普通；也有明明宣紙空格超大，字永遠寫得極小。好字會被紅色筆特別圈出，我們常在布告欄前欣賞字的眉眉角

小書齋

角，把字看得極細。有次大概老師臨時找不到紅墨汁，偷偷被我們發現批閱的紅圈是彩色筆畫的。

這些那些回憶，全在走進重慶南路小書齋，瞬間湧現出來，而你有多久沒想起當年的書法課了？

我想像中的書法課，第一堂全班或許可以來小書齋。小書齋店內的陳設以書畫篆刻用品爲主，白色地磚搭配木色書櫃，店內空間明確清爽，對照一樓馬路的人車喧囂，我的心情很快平靜下來。在這裡到處都是字，或與字相關的物件：紙筆與書帖、墨條與硯台、筆枕與筆架……各個都有學問，它們也是字的一部分。字的意義超展開了，字的前製、發生、完成在小書齋同時發生。初始我以爲彷彿走入一間書法教室，漸漸感覺我其實也是走進一個字。走進一個字是多麼有趣的事，而你有沒有最喜歡寫的字？

小書齋的老闆娘，非常親切地向我描述一個作業與作文仍須使用毛筆的年代，而我想像著作文如何用毛筆寫？嘴裡突然脫口說出小楷二字，連自己都嚇到。我曾有過一支小楷，從來沒用過，我的作文已是原子筆與修正液的年代，小楷是爲了收藏嗎？我想到母親，她常提及中學時期在書法比賽獲獎的事，想來應該是參加國語文競賽。當年沒錢添購用品，比賽工具也是跟同學借的。她已經很久不寫字了，有次幫我謄寫病假事宜，學校導師沒有關心我的身體，卻說你媽媽字很漂亮；也想到某個放學前的寫字課，一個平日好動的男同學，終於記得帶來毛筆了，而且是新買的，上課前才知道要泡熱水讓筆毛鬆軟。一堂課有規定字數完成，寫字又是急不來的事。初始他嘻嘻哈哈地涮著筆，後來發現半天過去怎麼筆頭仍是硬梆梆，那支筆大概出了狀況。我不知道後來他有沒順利完成作業，卻記得他不知所措，緊緊握著毛筆，始終沒有放開的畫面。

小書齋以製筆聞名，店內除了懸掛大小造型不同的毛筆，老闆娘同時向我介紹老闆投入甚深的「創作筆」製作。創作筆藉由不同媒材的結合，將筆桿、筆斗、筆頭的概念進行翻轉，進一步對「筆」重新加以定義，每支筆都讓人驚呼連連。印象特別深刻的一支，它的筆桿是來自小型的手電筒，我從沒想過兩種材料居然得以媒合成一體，彷彿寫出墨色再濃的黑體字，也能熠熠閃著光。

小書齋也有不少以書畫篆刻爲主題的雜誌書籍。由於漢字歷史與書法歷史密不可分，這些書籍的陳設與分類，巧妙地呈現漢字在東亞的流傳現象，其中就有日文、韓文的相關用書。事實上，日常生活書畫藝術也無處不在：門口的春聯、廟口的楹聯、牌匾題字。我們是不是走進字裏面，同時住在字裡面呢。

小書齋櫃台的角落，有個方板上頭貼著一張「水寫紙」，這三字讓人看得發呆。「水寫紙」本身就是充滿畫面的漢字，一問才知是提供客人試筆練字的用

紙。它沾的是清水，等待一段時間，上頭的字樣便會消失不見。以前鄉下沒賣的新奇物事，這個原理聽來讓人覺得像在看魔術表演，或是讀一篇小說——但是字怎麼可以消失呢？我拿著毛筆沾水，忘記寫下什麼字。這麼多天過去了，我相信字還在，字一定在。

同利舊書坊

週一 — 週日：15:00 — 21:00

高雄市鳳山區中利街 89 號

同利舊書坊就位在鳳山中利街成排樓舍的最邊間，看板懸在半空中，極霸氣只寫「二手書」三個字。字是手寫的，字跡是紅色的，字的排列方式「二」與「手」上下並置在左邊，「書」字獨立在右側，看起來像枚印章用力烙在水泥牆面，更像新造出來的字。這是同利舊書坊的最佳標記，也是指認同利舊書坊的一種方式。

指認同利舊書坊的

方式還有另一種。書店主人郭老闆約莫從一九八〇年代中期，便開始在夜市進行架設書攤的工作，三十多年來的游牧地點都在鳳山地帶。郭老闆的舊書攤想是許多鳳山人的共同記憶，不知你有沒有遇過他？我問他三十多年來走過哪些夜市？以前星期四在瑞竹夜市、星期日在文衡路……還有更多記不起來的。也許書攤經營不停移動的緣故，郭老闆座標夜市的方法是時間的也是空間的，可能還有攤位位置的。後來攤位就固定在青年夜市，攤位一邊在販賣童裝衣物，一邊是傳統排尺的彈珠台。我想起老家門口正是一條夜市，是那種沿著路邊民宅搭建而出的市集，像晚間突然升起的臨時布景。固定夜市與路邊夜市有什麼差別呢？郭老闆說固定夜市擺攤時間比較長，路邊夜市大概十點就要收攤。二〇一五年郭老闆結束了夜市書攤的工作，年事已高的他現在專心經營中利街的舊書坊，身邊陪伴著一隻叫做黑面的狗。

如何想像在夜市遇見一座不存在的舊書攤？老家門口那條夜市也有一個書攤，一邊是撈金魚的攤位，一邊在賣霜淇淋，賣的都是兒童著色本：一二三與連連看，版本重複的注音故事書，有個立面書架陳設二十四色、三十六色的彩色筆，鹵素燈光打在許多引頸注視的孩童臉蛋，他們想買什麼呢？鄉下沒有書店，這個書攤成爲小學生添購課外讀物的唯一選擇。

郭老闆的舊書攤想必也有牢固的書架，吃著糖葫蘆或棉花糖的人在其間駐足穿越。夜市書攤的走道可能不太寬敞，不知有沒有提供矮凳供客人坐著讀？或者敞開幾面大木板，書籍隨意散落其中，大海撈針般讓人翻翻選選。可以確定的是照明一定超強大。郭老闆說曾經有客人前來尋書，收攤後他果然從倉庫找到指定的書籍，而客人隔周也準時前來取貨。這樣的消費方式在流動的夜市顯得特別純情與古意，書的生命意外地得以延續下去。

那天來到同利舊書坊正是傍晚五點，算算正是夜市開張的時間，去年此時郭老闆應該已經在夜市架好了攤位，沒想到在店口和郭老闆坐著閒聊起來，才知道我所到之處原來曾經也是一條夜市。郭老闆說中利街以前是夜市仔，他的攤位就在現在店址的前方，後來因緣際會將店面買了下來，成爲同利舊書坊的基地所在。我有點驚訝眼前這條靜巷曾是繁華市街？郭老闆的舊書坊是不是就像當年唯一沒有撤離的攤位，並在暮色將至之際，至今持續在原地放出光線。會不會有人因著同利的燈照，因而記起啊多少年前這裡也有過夜市？或者因著習慣同利的燈亮，而以爲這條夜市仍在營業？即使就剩下一個攤位。

由於書店藏書已從店裡溢到店外，這些成堆擺在路邊的書箱，變成天然現成的健身器材，郭老闆笑說每天搬進搬出，開店就當成在做運動。而我走進店內，才發現二層樓的空間使用已經極致，眞正抵達「天花板」了！人走在其中幾乎與書面對面。通風很重要，所以屋內有六七隻吊扇嗡嗡運作著；照明也很重要，這時也像置身在夜市攤位，讓人想著站著翻書的同時，說不定也會踩到自己的影子。夜市攤位如果人多，會不會也是這樣人擠書，書擠人呢？店裡書籍分類是大方向的，或者書籍本身三十多年來已經長出秩序，這裡有郭老闆自己的分類哲學，屬於知識的，卻也是屬於流動夜市的，屬於實體店面的。

離開同利之前我在擺滿兒童讀物的書牆，看到一本昔日買過的注音本故事書，書名多麼隱喻就叫《發現的故事》，我當下想到同個系列還有一本是《發明的故事》，上下左右翻找了一遍卻不見它的蹤影。《發現的故事》蒐集各種物理、化學、天文、氣象……的小故事，對幼年的我而言似乎太艱深了。我在仄狹的走道，就著光絲翻著，最後一篇是關於折射光線的故事，裡面有個是非題：「我們能看見東西，是反射光會進入我們的眼睛？」書本的前主人已經上面打了一個圈，答案是正確的。道理如同夜裡你仍能指認出同利舊書坊的方向，那是因爲你走進了一條發光的街。

035 七美日誌：潛鳥書屋

鷉鳥藝文空間

週二 — 週日：09:00 – 21:30

澎湖縣七美鄉南港村尖山腳 4 號

潛鳥書屋（歇業）

澎湖縣七美鄉中和村西岐頭 4 號

二〇一六年六月五日　　天氣　時晴時雨

起初要去的是位在馬公的鷗鳥，因爲得知書店團隊開拔七美成立潛鳥，於是我同時收穫了兩間書店的故事。七美怎麼去呢？這次是從高雄小港機場搭乘德安航空「直航」，小飛機約莫只容二十人，同坐的不少都是七美人吧？第三次到澎湖了，卻是第一次到七美。七美於我的印象是雙心石滬與七美傳說，然而從今以後，我將知道七美還有讓人難忘的潛鳥書屋。

與書屋主人佩貞約在傍晚五點多，正是日暮黃昏時候，在此之前，我先騎著民宿機車繞了島嶼半圈了，遠方一直有片烏雲。我不知道烏雲將往哪個方向飄去，卻直覺它將爲這座島嶼帶來一場大雨。

潛鳥書屋位於七美鄉中和村西崎頭，然身在島上只要說要去鄭家莊，很快就會找到了。今年四月中旬書屋開始運作，這隻潛鳥至今未滿三個月。我覺得特幸運，可以來到七美參與它的發育與成形。

書屋建物本身很性格，前身約是農用空間，是澎湖尋見的灰牆灰瓦。方形木板掛在牆緣，寫著潛鳥書屋四個紅字。這天我就平行看潛鳥、歪頭看潛鳥。覺得書屋外型，小巧可愛。突發奇想：如果從空中看書屋，會不會它眞的就像一種潛於水面的迷鳥呢？而且也是灰色的。

我與佩貞就坐在書屋頗有古意的紅地磚上，說起潛鳥也說鷗鳥。書屋空間不大，卻隔出餐區書區。這天潛鳥書屋恰巧來了駐屋藝術家，外頭正在展示她的創作，都說大自然是最好的題材，大自然也是最好的畫布、稿紙。書屋戶外偶爾也會舉行露天電影院，讓書店的功能除了書籍陳設，也與七美在地更多連結。實則書屋所在的鄭家莊，其建物聚落在七美歷史相當悠久，古厝古色古香，深具規模。潛鳥書屋的出現，可說是像延續鄭家莊的書香風氣，而從七美向外傳播。

我們談潛鳥也談鸊鳥，談二〇一二年成立的「鸊鳥藝文空間」經年的發展，以及發行的《鳥報》。我獲贈了兩份紙本刊物。《鳥報》紀錄的是生態事也是澎湖事。有幾期相當吸引人：比如十七期的「國土規劃的重要性」、二十期的「海鮮辦桌三部曲」、二十一與二十二期的「被拋棄的島嶼：西吉嶼」。《鳥報》雖然不厚，但從內容規劃、專題製作與執

筆隊伍，都得以看出鷸鳥藝文空間，它從馬公節點輻輳而出的問題意識與關懷主旨。這些日子走訪許多獨立書店，不少書店都有製作刊物，這些文字我覺得非常難得，它們也是書店發展小史，主人的生命故事。我就讀到佩貞在《鳥報》試刊號寫著：與其問「鷸鳥是做什麼的」，不如問「來鷸鳥可以做什麼」。這個句子也可以放在潛鳥，乃至更多書店。它說明書

潛鳥書屋

店完全是一個開放的概念，如同一座開放的島嶼。

長年參與海洋生態的調查工作，佩貞在談話中提到：我們與環境的距離其實很近。這個道理在七美島上更加深刻了。目前書店書籍，以自然生態、環境保護為主，也有不少澎湖相關作品。牆上掛著一張燕鷗地圖，那是認識澎湖群島的另種方式。除了書籍擺設，也有不少紀念物、明信片。因為席地而坐的關係，我注意到一組格數特多、且覺得眼熟的書櫃，裡面平放許多紙張資料，原來是一本本的小雜誌。佩貞說希望未來可以製作屬於七美的小刊物，紀錄更多七美的大小事。巧妙的是，這個書櫃其實是個鞋櫃，它是由附近國小的老師提供。鞋櫃變成書櫃是個怎樣的概念呢？那句古語還是很好用：行萬里路，讀萬卷書，大概就是這個意思！有什麼比拿鞋櫃當書櫃，更能體現用腳走出一本書的道理！我覺得它很適合長期關心環境、關心生態的鷗鳥與潛鳥，同時也象徵用以接連了七美孩子的步伐、節奏、路途、腳程。它像是送給潛鳥的祝福了。

離開潛鳥不久，雨很快下了。這場雨是否落在七美各個角落？雨的規模與雨的幅度，突然讓我清楚意識到自己身處一座島，我們其實都是島民。從台灣的角度出發，你說馬公、望安、七美是離島；然而從七美出發，台灣也是離島。從島嶼出發，捨去主從關係。有人說島嶼特質在於封閉，我卻覺得它也在於開放，更在於完整。

身為島民於我像個不證自明的存在，然而真正意識居住在島國，卻是念書以後的事了，該是從小說家舞鶴的那篇〈調查：敘述〉起引的。故事中那個鬱鬱寡歡的主人來到花蓮尋找失蹤的父，夜半睡在客棧的他發出感嘆，他說：這是我第一次聽見海的聲音。意識到島嶼的存在，意味著意識到海洋的存在。而後我開始蒐集任何關於島嶼的書寫，準備七美資料的過程當中，我學到一個新詞叫「跳島」，似乎是旅遊業者的一種玩法修辭。跳島意味我們可以自由前往任何島嶼，這又讓我想到小說家蘇偉貞的成名作品〈陪他一段〉，多年來它被放在情愛敘事的文學系譜加以解讀，我卻記得這篇年紀比我還大的小說，女主角費敏就是在不斷地在跳島。一九八〇年代左右，費敏跑遍台灣各地，也遠赴金門蘭嶼，蘇偉貞讓他的小說人物以跳島方式尋找個人出路，像薩伊德的《鄉關何處》說的：「你現在如果不出這趟門，不證實你的流動性，不放縱你失落迷途的恐懼，不凌越家庭生活的正常節奏，你在最近的未來一定是不會有機會的。」

其實佩貞也在跳島，過去因爲執行鶵鳥藝文空間的書車計畫，時常一卡皮箱就在澎湖群島四處擺書。身在第一現場與人群互動，她去望安、將軍、赤崁、湖西以及潛島目前所在的鄭家莊，我聽了十分感動，像就在書車擺放的現場，帶著好奇心忍不住過去探了頭。而我是不是也在跳島呢？從七美、金門、南竿、台灣……潛島書屋讓我明白每間書店都是座島嶼，它們開放、包容、實驗，並且永遠充滿可能性。

036 墨血：偵探書屋

週二 — 週五：14:00 – 21:00
週六 — 週日：11:00 – 18:00

台北市大同區南京西路 262 巷 11 號

線索一：「大稻埕中街周益芳號。近輪又運到詩文集新小說等甚夥。有書癖者爭取購之。然平均以小說較多……」

明治四十四年七月三十一日《漢文台灣日日新報》

線索二：「夏の夜更けて 太平町の／なつかしカフヱ 青い灯ほのか／ヅャズ響くヅャズ響……」

〈大稻埕進行曲〉

線索三：「大稻埕之所以兼備明暗二重面，因有鱸鰻的存在。我無意特別誇稱大稻埕的黑暗面，引起人們的獵奇心，喚醒恐怖感，但有鱸鰻，乃大稻埕多角社會相所示的一個要素……」

劉捷作，林曙光譯〈大稻埕點畫〉

會不會，一間書店的存在，無論書店空間的使用脈絡、位置地點的歷史背景，乃至周圍環境的社會變遷，總是能夠與之找到一絲關聯；一間書店的出現其實絕非偶然。它就是會在這裡。

走進位於大同區南京西路二六二巷的偵探書屋，某種程度而言，也是走進歷史的皺褶之處與斷層地帶。這個地方也是廣義而言的大稻埕，大稻埕發展史，是理解台灣史不容錯過的一段。我們知道台灣史幾次轉折：諸如文協成立、二二八事件，即是發生在大稻埕。此處經年的蓬勃發展，直是孕育藝術文化的肥沃月灣。你聽那首日文的〈大稻埕進行曲〉，歌詞以四季變化作爲結構，唱著正是當時鬧熱繁華的太平町等區域。

大稻埕得以討論的實在太多，也是在這個脈絡之下，偵探書屋來到歷史的圓環，世界的大稻埕，可說宜室宜家，特別具有意義，給予後人更爲豐饒的想像空間。

偵探故事與現代都市發展、市民生活興起有關，城市規畫帶來空間分割，同時也切出死角，總有一個地方是霓虹燈色無法照到的地方。燈光再亮畢竟不是太陽。而律法制度的出現，帶來新觀念新價值，則在在提供偵探敘事的生成條件。且讀劉捷的名篇〈大稻埕點畫〉，約略得以捕捉殖民地在快速發展的背面，島都台北的另種景觀，這又像是篇偵探小說的背景了。

而明治四十四年七月三十一日來到大稻埕的這批書籍，我想一定就有許多來自中國日本翻譯的偵探推理小說，也就有偵探推理小說的讀者……不知那時是否就有讀書社群了呢？那是夏天，大家穿的都是短袖汗衫，市集熱鬧，揮汗如雨。

那天來到偵探書屋，大太陽天，我也揮汗如雨，其實不難發現，同條街上林立諸多傳統書局書舖，而偵探書屋的店招相當醒目，福爾摩斯的剪影人形，好

像他在街上看著這街這店這人群，他是不是察覺什麼端倪，發現了什麼？

偵探書屋的出現讓人驚喜，可以視作台灣偵探推理文化發展的重要收穫。而作爲偵探推理文化的空間化，空間氛圍的營造亦特強特迷人，走進店內，光線的設計讓人浸入一種敘事場景：菸斗、放大鏡、打字機……整間書屋是不是就像某篇推理偵探小說的直播現場呢？

偵探書屋的書籍劃分相當細緻，一格一格，至少十六七種分法，逐項把它記在本子，像是來到書店進行暑假作業，確實時間是七月中放暑假了：英國犯罪小說、諜戰故事、絕版收藏、本格派、古典推理、驚悚、美國偵探……台灣本土推理的部分如志文、林白、皇冠日本金榜系列、皇冠當代名著系列，亦是偵探書屋的藏書特色之一。

書屋空間也有不少活動規劃，不少朋友都是偵探書屋的常客！時常舉辦讀書會，也有推理故事寫作坊，換言之，不僅是空間氛圍的營造，而是眞正介入社會，敘事與行動兼具。是的！把它寫出來！

有趣的是，作爲主題式的書店空間，自身卻未必類型化。這裡也值得我們去思考：作爲一種類型文學，特別近年重新檢討關於文學、文學論、世界文學等概念的刻正，如何包含不同敘事力，借力使力，豐沛我們的想像力，擴大文字庫存與文字韌度，雅俗之間的交流於是變得非常需要、重要與必要。

離開偵探書屋那日，我買了一個書屋製作的刊物：《墨血》。本來以爲我會看到一個紙體書籍，卻是一個質感極佳的方形小盒，「書」的概念在這裡被完全打散，裡面收藏著一隻短筆，一粒咖啡豆，一組像是拉頁般的敘事，名爲〈謀殺〉，我把它攤開，仔仔細細看了一次又一次。好像敘事一直在抽長、發展。這像是一種禮物！意味著敘事力延綿不絕，如同居於

台灣歷史文化的黃金地段，偵探書屋給予我們的啟示：無論就文類意義、空間感、交流對話、社會實踐等，皆是無限延伸，極具續航力的。

走出店門，再看一眼店招上頭福爾摩斯的白色剪影，叼著菸斗的他，難以判斷眞正的表情。會不會，他正在對你笑？一百多年來的大稻埕風景，盡在他的眼底：市街、烏貓、鱸鰻、藝旦……還有許許多多偵探推理小說。

037

好厝邊：信義書局

週一 — 週五：10:30 – 21:30
週末假日：約 12:00 – 21:30

台北市復興南路 2 段 173 號

信義書局不在信義路，它鄰近科技大樓捷運站，位在復興南路邊，多年來直是附近住戶、學生、上班族的好厝邊。這天拜訪信義書局，已是晚飯過後的七點半，然而一進書店，盡處整面藍底白字的〈蘭亭集序〉，立刻讓人心境、眼界爲之大開，所謂：「是日也，天朗氣清，惠風和暢。仰觀宇宙之大，俯察品類之盛。所以遊目騁懷，足以極視聽之娛，信可樂也。」這個信字讓人忍不

信義書局

住想把它圈起來，加個義字，變成信義可樂也，來到信義確實特別快樂！

信義書局在二〇一五年十月進行裝修，今年春天開始，老書局有了新氣象，在書局之中穿越，彷彿能摸到書局心跳，這空間的肺活量十分充沛。尤其是感受到書店主人家成老師與麗卿老師的熱情，心情更加放鬆。信義書局予人一種家常，就像到訪鄰戶串門，談話、問候、分享。到訪這天，書局裡頭正在播放古箏音樂，音樂始終沒有停過，在車來車往的繁華鬧區中，在急促慌亂的赴約行程裡，在臉書與訊息的催逼下，它的聲線將你繫住，讓人靜下來慢下來。

走進信義書局，發現書局照明特別光亮，使得二十五坪的格局又顯更寬更大，讓人聯想到「開闊的胸襟」與「不凡的識見」等句子。身處講究效率、速度的二十一世紀，偶然在首善之區遇見這樣一間傳統書局，它的存在像提醒你關於書局，關於學習，一種精神信仰般的難以撼動、屹立不搖的價值，你總會想起什麼吧！是的，信義書局在大安區，陪伴大家三十多年了。

根據家成老師的分享，約在民國七十二年，信義書局來到復興南路，取名信義自有許多因素，其中之一即與家成老師位於苗栗後龍的老家，就位在信義街有關。有了屬於字面上一般常見的解讀，字面下原來埋藏來自故鄉的情感。實則信義書局起初位於一百六十七號，民國八十六年五月，搬遷來到現址的一百七十三號，格局規模經年以來，沒有太多改變，二〇一五年信義書局翻修裝潢，形成了刻正你看到的樣子。目前書局除了書籍、筆墨、文具的販售，未來也將舉辦各種講座活動，擴大書局的角色功能，積極與社會大眾產生連結。

關於書局目前的內容構成，家成老師提及，六分之三是書、六分之二是文具、六分之一是雜誌，書籍皆是經過挑選的好書，種類繁多，卻又以人文史哲爲大宗。家成老師本身也是多才多藝，店裡許多作品即是出自他的巧手：無論篆刻、繪畫、陶藝、書法，乃至店裡的書櫃都是純手工做出來的！其中書法藝術更是家成老師的長才，換言之，來到信義書局你能接觸到豐富書籍資訊，同時讀到書局主人的巧思用心。

此外由於信義書局是社區型書局，多年來與附近學區的互動頻繁活絡，信義書局像是大家的老厝邊。那邊路過店口的女孩探頭進來招呼、這邊走過的學生習慣性地向你點頭。過年過節，家成老師的春聯撰寫，讓信義要傳達的祝賀美意從書局延伸到社區角落。家成老師說鄰近成功國宅的緣故，早年店裡賣座最好的雜誌是《傳記文學》，一個月可以賣掉三十本。這裡我們又能從書籍的流通銷售，看出書局所處位置的人口結構、歷史背景與書局運作的連動關係了。

實則我們與書局的初相逢，大抵都是在社區型書局，做學生時我們來到書局添購各種文具書籍，爲人父母之後我們又帶著小孩回來，一代走過一代。老書局在台灣社會扮演在地知識傳播的重要工作，特別是位處都會地區的傳統書局，它們的存在尤其讓人不能忽視，它是藏在你我心中的一個信念，裡面寫著不同世代的書店史與心靈史。三十多年來，信義書局也見證都會台北的現代化，它陪伴在地住民一路從無捷運到有捷運、從成功新村到成功國宅、從台北師範學院到台北教育大學、從紙本世界到網路世界。從信義書局出發，繼而反思與社區書局的互動過程，原來一間老書局告訴我們的故事，內容能夠如此豐富，寓意能夠如此深刻。

問起兩位老師，開書局最快樂的事是什麼呢？答案可以是與客人的互動分享，可以是販售自己喜愛的書，家成老師與麗卿老師不約而同，都說起了文化傳承的重責大任，聽了讓人肅然起敬，這是信義的格局，也是信義的骨氣了，讓人忍不住要到信義的臉書按讚。離開信義書局已近晚上九點，去前我又看了牆上的〈蘭亭集序〉，古箏音樂仍漂浮在書櫃之間，漂浮在字畫之間。走在復興南路，念著這篇大學時代即會默背的天下第一行書：「是日也，天朗氣清，惠風和暢。仰觀宇宙之大，俯察品類之盛。所以遊目騁懷，足以極視聽之娛，信可樂也。」

不怕車流聲與捷運聲，信可樂也！你我都越念越大聲，越大聲越快樂。

038

老B與黃尖：Mangasick 漫畫私倉

週一 —— 週二：14:00 － 22:00
週四 —— 週日：14:00 － 22:00

台北市羅斯福路三段 244 巷 10 弄 2 號 B1
（OK 超商福和店斜對面）

其實我們談的不只是漫畫，而是「創作」，它涉及翻譯、風格、美的定義……甚至談到教育、傳承、下一代。

Mangasick 漫畫私倉位在台電大樓附近，二〇一三年開始運作，沒有明顯店招，到過之後卻讓人不能忘記它在哪裡。

進入正文之前，我們也許稍作一個回憶，即是：屬於你我個人的漫畫認識，它是怎麼開始的？是書報攤的漫畫花車、《哆啦A夢》、《美少女戰士》、《幽遊白書》、或者乖乖餅乾附贈的拉頁漫畫……

書店主人老B與黃尖都是七年級生！他們太可愛了！老B來自屏東，提及最初閱讀的漫畫，都與電視卡通的播映相關，然後同步找出原著作品。實則我們從小看的卡通，不少都是從漫畫改編的。我聽了眼睛瞪得大大！我也是！而且我們一致認爲漫畫比電視豐富。

記得當時有部卡通《夢幻遊戲》，一周播一次，我實在等不及了，常順補習之便，跑到善化中山路的租書店去看劇情發展，心底竟有偷跑的感覺。然而有趣的是，電視情節又未必跟隨漫畫走向，這讓當時的我困惑甚深。

我要謝謝老B的提醒，其實我們不只是看漫畫，而是注意到了形式的轉換，在兩種技術之間，有些東西被消失，有些東西被凸顯了。當時的困惑如今儼然是

一道論文題目，而曾經我們愛看漫畫如同小小學者。

黃尖來自雲林，師大英語系畢業的他，喜歡漫畫喜歡文學，喜歡創作也擅長翻譯，文學看得是深度門檻不低的舞鶴、郭松棻與黃國峻，是文學漫畫的閱讀養成，致使他一則以跨域的視野安置這些文字符號；其次以文學研究方法閱讀漫畫。誰說漫畫禁不起分析呢，他們在網站的評述文字就寫得十分精闢。

也許我們三個年紀相仿的緣故，這個晚上與老B黃尖，席地坐在室內展區的地毯，不知話題什麼時候開始，談話卻越來越深入。我漸漸發現，他們的思考不僅深刻、精準到位，重點是他們具體實踐，親力親爲，從頭做起。

位在地下一樓的Mangasick，入口是一個策展空間，當天正在展覽動畫師與漫畫家王登鈺的作品，看了令人驚豔。老B黃尖非常喜歡這個空間，目前一個月一檔，關於策展空間的定位，除了更能完整呈現作者意圖理念，更在於刺激讀者更加審慎看待創作。創作是怎麼「發生」的？當我們走入一個展覽，實已經走入它的創作。觀者與之共鳴共振，創作激盪創作，靈感呼應靈感，這又是多麼奇妙的事。

Mangasick 的漫畫以非主流、珍版、經典作品爲特色，這些具思想性的圖文創作，深具風格並且實驗性。因爲 Mangasick 的緣故，兩人開始大量增加書店藏量，他們不只引介，甚至親自翻譯，這樣努力的身姿、狂大的熱情，是否覺得似曾相識呢？我彷彿看到一九六〇年代台大外文系的文藝青年，有感於當時舊有形式的不足，因而以《現代文學》雜誌爲媒體場域，開始系統性譯介西洋經典文學來到台灣，其影響直至今日。從《現代文學》到 Mangasick，它留給我們太多想像空間了。

我以爲 Mangasick 也在爲我們試驗、摸索乃至履行，一種觀看自我與想像世界的新興美學，所以我們談論的不只是漫畫，而是以漫畫這個圖文共構的特殊形式作爲介面，旁及周圍諸如台詞、分鏡、故事等元素，繼而反省我們對於文字符號的各種認識：我們所看到的、聽到的、讀到的，我們接受的其實是一個被選擇的過程，然而那些不被選擇的，並不代表沒有存在。釐清了這個觀念，得以更貼近 Mangasick 的精神要旨。

一個關鍵的轉變是來自於老B先前的工作，由於需要大量接觸日本出版資訊，她赫然察覺原來在台灣，我們的所知其實相當有限。這個問題不在量的多寡，是更進一步知解到了：我們的智識養成來自許多既定框架，我們被框定所知所想，甚至被框定了好壞標準。這也就讓我們更加明白，Mangasick 在漫畫的推介收藏用心甚深，何以溢出我們對於漫畫/店的想像規範。

只是這個從外向內輸入的動作，仍有諸多面向

骨
灰
米田共
言志
#Budding

值得細究。諸如涉及翻譯問題：圖像是共通語言，對白卻牽涉解讀功夫。換言之，設若我們缺乏外語能力，作品所欲傳達的意涵勢必有所折扣，這又是一個表述台灣的根本命題。作爲一座移民島嶼，歷史政權的更迭轉化，致使我們的語言經驗極其複雜：翻譯人才、翻譯能力、都至關重要。目前作品《雞蛋籃—— MURAI短篇漫畫自選集》，可說是Mangasick台日跨國合作的一個具體成果。老B說：也許Mangasick的影響仍需一段時間才能見諸發酵，我卻覺得它的初衷理念強悍完整，極富發展能量。

在Mangasick，我不斷想起「創作」，也想起自己出身的鄉村，上世紀末開了一間租書店，不知爲何連進去都不敢，好像被老師看到就完了。那時班上同學常攜帶漫畫到校傳閱，漫畫風氣一直興盛。我的好友夢想作個漫畫家，我們偷偷相約，說我寫故事，他畫漫畫，後來眞的拿了本全白筆記，一格一格，畫了幾頁。老師偶然經過看到，本以爲她生氣光火了，反倒卻說：爲什麼非這樣畫不可呢？這句話我牢牢記著，在Mangasick，老師的臉、老師的話又突然浮現了，像是多年之後得到解答，爲什麼非這樣畫不可呢？老B也說。這個問句，得以放諸各種藝術表現，只是在有圖有文的漫畫世界，以及翻譯佔據多數的前提下，尤能凸顯在台灣如何表述自我與認識外界之間的眉眉角角。

這也讓我想起我以前看漫畫，最享受的不是情節發展與圖畫風格，而是作者陳述的場邊花絮，通常談論人物設定或者讀者反應，還有許多投票活動。這些與讀者互動的遊戲，對身在南部鄉下的我是極其遙遠、難以想像的，這些已經是在日本發生過的事——做爲「讀者」顯然無法同步與之對話，這是台灣與世界接軌時常碰到的時差。

這個晚上的談話其實沒有結束，或者只是一個開始。Mangasick是個進行式，其所提出的各種想法也是進行式，Mangasick值得不同領域借鑒思索，我也從中思考文學寫作與之對話的可能。謝謝老B與黃尖爲我上了一課，眞的太重要了！

039 一九三六：

鴻儒堂

週一 — 週六：10:00 － 18:00
國定假日：11:00 － 18:00
週日公休

台北市中正區懷寧街 8 巷 7 號

鴻儒堂爲當代台灣最重要的日文書局，其成立時間爲西元一九三六年，昭和十一年。從戰前走到戰後，至今已經走過八十年頭。

書店最初成立的地點是在兒玉町二ノ二二，約莫現在台北市南昌街十普寺附近，根據書店主人黃成業老師回憶，由於鄰近台北高校、台北帝大，以及新店線火車帶來便捷的交通，到訪書店的客人相當活絡踴躍，尤以學生族群居多，其書籍販售以「台灣」相關知識爲主，堪稱是日本時代，台日愛書青年的必去之處。

八十年來，鴻儒堂的店址歷經幾次轉移：分別是忠孝西路、開封街、漢口街而至現在的懷寧街八巷七號，其中開封街的店址，從民國四十年直至民國九十八年，將近一甲子歲數，許多人記憶中的鴻儒堂就是在此。一座書店的遷移史就是一座城市的發展史，書店發展又與都市發展密不可分，那些年我們一起穿越的書店，或者走入歷史，或者整建修復，鴻儒堂至今屹立不搖：八十歲了！新世紀初我們重新回溯鴻儒堂的過現未，它帶給我們的啓示實在太多，我覺得特別值得親訪一趟。

鴻儒堂成立的一九三六年。刻正台灣也進入殖民地時期的第四十年。一九三六年是個怎樣的概念？就以文學編年脈絡來看：稍早之前的一九三四年，台灣文藝聯盟成立，雲集全島藝文人士，楊逵的日文小說〈新聞配達夫〉則刊登於日本左翼雜誌《文學評論》；一九三五年「始政四十周年博覽會」盛大開幕，呂赫若的日文小說〈牛車〉亦載於《文學評論》；一九三七年龍瑛宗的〈パパイヤのある街〉獲得日本《改造》懸賞小說佳作推薦獎，同年盧溝橋事變爆發、台灣報刊的「漢文欄」相繼廢止。在歷史的皺褶、疊合與裂變之處，我們看到台灣日語世代作家的成熟、茁壯與登場，這也意味「日語文」的溝通使用漸趨普及，它是台人知識取得的關鍵媒介，亦是自我表述的重要語言。而鴻儒堂正是一間專售日語文書籍的書店。

到訪鴻儒堂這天，我拿了兩張從《台灣民聲日報》複印而來的剪報，前來與黃成業老師相會。第一張剪報時間是民國三十九年六月十一日，廣告雖在報端角落，卻清楚得以看到「化學」、「醫學」兩組醒目大字，書目資訊寫著「最新棉織紡織」、「英漢醫學小辭典」等；第二張剪報時間，則是民國五十一年

七月二十六日，書目資訊則有「養雞講座」、「雞病醫典」、「化學製品製造法」⋯⋯我像遠從中南部前來的忠實讀者，憑藉舊時地址前來尋書。黃老師親切熱心，我們一起研究了這些剪報，一起細述了台北書店的起落變化。

如何藉由一則書目廣告，穿越走入歷史現場呢？第二張剪報上的鴻儒堂地址，已在開封街上了，那時的開封街熱鬧吧！得以想像路上

騎樓人客如織。實則《台灣民聲日報》是中部地區的重要媒體，這也說明鴻儒堂的消費對象，是跨地域的；再者書單整體尤以工業農業用書爲主，黃成業老師說，在言論管制的戒嚴時代，思想性的日文書籍不被允許，而技術性的工業農業書籍，則成爲鴻儒堂主力所在。黃老師說道，尤要感謝當時「台灣省水產試驗所」鄧火土博士於漁業類書籍方面的推廣與介紹，從而帶領台灣水產養殖業者，一步步往養蝦王國邁進。

這天我也帶來家中兩本鴻儒堂的出版物，一本是台灣前輩日語作家張文環的《滾地郎》，另一本也是《滾地郎》，卻是日文版的《地に這うもの》。我手上這本中文版是《滾地郎》二版，黃老師說最初的文庫本四千本已然售罄，目前流通的版本是封面有個扛木柴的男孩。張文環在日治時期以小說戲劇聞名，戰爭時期創辦《台灣文學》雜誌，戰後寫作事業因著語言轉換，幾乎完全擱置下來。一九七六年《滾地郎》的出版，為此格外引人矚目。

鴻儒堂的故事仍在書寫，那麼時至今日，像鴻儒堂這樣重要的老書店，得以給予我們的啓示還有哪些？

我以為，首先它讓我們看見「日語文」從戰前到戰後的此消彼長。特別是日語文曾經作為台灣的國語，成為台人媒介世界的重要工具，然而戰後日語經驗反而成為一道尷尬存在。這條日語文與台灣地緣的接觸脈絡，更是一路迤邐到了當代。黃成業老師舉出：日語文科系在大專院校的成立、川端康成到台灣等，皆是我們看待日本、日語、日文的重要時間點；而當今我們論及台灣作為華語語系（Sinophone）的一個節點，日語文的存在狀態，尤其值得我們加以釐清重視。而幾個世代以來，鴻儒堂在台灣日語學習的推廣工程，無論是教材製作、跨媒材的多元設計，皆十分多元活潑，黃老師提及，民國七十一年與台灣日語專家權威蔡茂豐於幼獅電台、復興電台，開設「空中日語教室」，前後時間長達三年，堪為戰後台灣日語學習最受歡迎的廣播節目。此外，為人熟知、發行長達二十八年的《階梯日語雜誌》，亦是不少人學習日語的益友良師。該雜誌並於二〇一一年，榮獲第三十五屆金鼎獎「最佳教育與學習雜誌獎」，實至名歸。盱衡上述種種，皆足以作為我們認識日語在台灣的幾條關鍵線索，同時顯見鴻儒堂的歷史意義十分重大。

茲以戰前活躍於文學創作，戰後創辦《農牧旬刊》的劉捷的〈談笑皆鴻儒〉一文爲例：「光復當初很多名詞言語需要翻譯，鴻儒堂經售這一類的辭典書籍，繼而發展電子科技、農業技術、婦女生活的現代化國際化，很多都得藉著讀書吸收知識，於是上鴻儒堂購讀該店的書。」爲此我們得以清楚看見，鴻儒堂在戰後日文書籍販售所扮演的角色位置。

其次是鴻儒堂與台灣知識份子在戰後的交往連結，也值得我們重視。黃成業老師說及，來過鴻儒堂的作家學人不計其數：王白淵、王詩琅、吳漫沙、龍瑛宗、黃得時、楊雲萍、池田敏雄、吳濁流、吳新榮、黃靈芝、鍾肇政、曹永和、宋文薰等；政界人士如李登輝、張豐緒、林洋港、林金生、戴炎輝、邵恩新、梁肅戎、郭婉容等；而陳逢源、黃世惠、黃政旺、林挺生、辜振甫等工商前輩，皆爲鴻儒堂常客。值得注意的是，黃成業老師與他的父親黃鴻藤先生，多年來也參與由王昶雄所召集的「益壯會」，益壯乃老當益壯是也，其中成員多是跨語一代的日語作家，箇中實能發現文學場域、文人社群、出版機構的互動現象。

結束這天的訪問，黃成業老師的分享已在我的心底發酵，走在車水馬龍的台北車頭，百貨商城林立，北門古城又見天日了。我相信八十年的書店故事不會息止，它將繼續流傳、爲人認識，它是令人尊敬的鴻儒堂。

040 敬字亭：

有間書店

週三 — 週六：16:00 – 22:00

高雄市美濃區美興街 35-1 號

「請問？這裡有間書店嗎？」、「請問？這間書店，現在有開嗎？」

籌畫過程長達一年半，基於一個地方，不能沒有書店的初衷理念，美濃女兒毓萍在二〇一五年五月一日勞動節這天，回到了既親且疏、既熟悉略有陌生的美濃小鎮，打開了一間書店的大門。「既親且疏」或許頗能描述毓萍初回到美濃的心情狀態，「既親且疏」像是一組得以

描述丈量距離的成語，請問：既親且疏多遠多近呢？

雙親皆是美濃人，內外祖父母也在美濃生活大半輩子，雖然幼稚園就搬離了美濃，然而與美濃的聯繫不曾眞正中斷過，只是沒有眞正久留。這次回來卻是住下來了，而且一人回來。

一個女孩子獨自回到親屬網絡逐漸開枝散葉的老家，一間沒有店招就位在路邊的獨立書店，以上兩個描述句型，如何形成接合、鑲嵌，鎔鑄而成一個新的句子，亦即如何脫化成爲一個在地社群空間，我以爲這就是有間書店努力完成，並且足以讓我們看齊之處。書店地點就位在熙來攘往的小鎮街上，不曾想過這個從小熟悉、時常途經的地方，竟會變成自己回鄉的精神據點。空間建物本身是客家伙房建築的一部分。書店坪數雖不算大，卻精緻可愛。書屋中心擺張方桌，特別有家的感覺。歌手米沙的音樂正在店裡流動。有面擺放地方小誌的書牆，以及許多毓萍的收藏。書店的觀察面向與延伸觸角皆相當廣泛，我覺得這是個很耐讀的空間。毓萍說書店前身是做理髮的美髮店。誰不需要定期整梳頭髮呢？所以這是適合固定報到的好所在了。

我很喜歡毓萍選擇「有間」做爲店名，不妨我們來上個國語課吧。如果唸出有間書店四個大字，不同的語氣其實會有不同的效果，它可以是加上逗號的「有間書店，」顯然有話要說了。可以是加上句號的「有間書店。」語氣肯定，俐落、瀟灑並且充滿力道。也可加上問號的「有間書店？」誠如文章開頭我們所說的，也是到訪美濃我的第一句話。標點符號像是有間書店的面目表情，而今天我想要的是驚嘆號。「有間書店！」像是遇到一個舊時老友！好久不見！也像是發現新的秘境這般，我們美濃這裡有間書店！

毓萍提及，書店空間除了講座活動，書籍販售之外，更得以成爲不少如她這般的青年，回鄉之後一個串聯交流的互動平台。其實毓萍告訴我們的問題現象相當複雜，它涉及：人口移動以城市爲尙的現代社會，離鄉出外打拚是典型的就業模式，然而弔詭的是，通訊溝通與交通日益便捷的此時當刻，與故鄉的距離又不再那樣遙遠，換言之：遠與近、新與舊、親與疏、閒置與非閒置的內涵定義其實不斷流動改變，而我以爲有間書店正是這種心情樣貌的存在顯影。我也覺得「有間書店」無論具象或抽象的意義來說，它思考的是人與人之間的心的行距，並以返鄉女兒/孫女的形象身姿，在這個從小看到大的客家聚落，實驗、摸索、一個關於距離的詩學，而其精神底蘊，穩穩固固、老老實實，不啻是來自對於腳下母土的呵護疼惜。這讓我想起毓萍說起，開店起初父親時常前來幫忙，店內的水電線路，是朱爸爸爲女兒親自牽線的，牽線二字多麼生動，有間書店可以是線頭，可以是線路經過的地方，也可以是接線的轉折口。

這天來到有間，與毓萍約好，我們一同去尋訪了距離書店不遠的「敬字亭」。敬字亭的名稱相當多元，或叫聖蹟亭、惜字亭。愛字惜字的俗習在台灣流傳久已，我初次知道敬字亭的存在，是來自一九九五年《漢聲》雜誌的「搶救龍潭聖蹟亭」。實則敬字風氣在台灣流傳久矣，而美濃亦是保留敬字精神的重要地區。「我想去看一座敬字亭。」這句話聽起來多抒情。同時想到小學年代，每天放課負責對著爐灶起火燒水的工作，拿起報紙當成火種，阿嬤便會大聲喝斥，她說：「灶文公不識字。」不知爲何我對灶君興趣不太，卻對不識字的阿嬤心生一種敬畏。

如果敬字亭就是一個字，你覺得它像什麼呢？直、立、妻、且、金……它看起來就是牢固靜定，無畏風雨的樣子。會不會它就是「字」的化身呢？在我眼前的這座敬字亭歷史年分頗深，我忽然想起半年來的書店工作無不也是出自一種敬字惜字的初衷念頭。這天很開心能在有間書店主人毓萍的引領，遇見生命中的第一座敬字亭。

下午了，美濃起風了，四十家書店的尋訪工作結束了。藍天白雲好天氣，終於走到亭前，朝著亭身，深深地、深深地一鞠躬。

城市
造反
堅持

附錄：書店本事之本事——楊富閔×侯季然×蘇麗媚——特別對談

《書店本事：在你心中的那些書店》是楊富閔走訪台澎金馬四十家書店的散文創作，這段探索書店的旅程，源自於夢田文創所發起的《書店裡的影像詩》紀錄片拍攝計畫。「植一個夢，耕一畝田」，夢田文創在做的是創作產業的實驗室，帶著台灣土地上的故事走出去：世代交替的巷弄文化、逐漸殞落的傳統工藝、豐沛獨特的原生物種、象徵自由靈魂的獨立書店……夢田文創團隊在做的，便是將這些文化符號透過「說故事」的方式轉譯出去。

《書店裡的影像詩》第一季，是夢田文創在製作二〇一四年的電視劇《巷弄裡的那家書店》的過程中所發想出來的。在開拍之前，擔任製作著作的夢田文創執行長蘇麗媚攤開一張空白的台灣街區地圖，團隊一起踏上各地角落，尋找隱身在巷弄裡的獨立書店。在田野調查的過程中，挖掘書店老闆的自由靈魂。夢田文創邀請導演侯季然將這些書店記錄下來，透過電影手法，紀錄紮根土地已久、傳承文化力量的獨立書店——《書店裡的影像詩》孕育而生。

二〇一六年，他們將步伐踏向更遠的角落，走進村落與小鎮、飛往離岸和島嶼，在總里程三二五四.九公里的路途中，再度紀錄下一批四十間書店當下的日常生活樣貌。透過紀錄片他們要讓大家看到，有的書店爲了傳承而堅守崗位；有的正如嫩芽般孜孜生長；有的成爲時代巨輪下熄燈的身影。

這些書店曾爲台灣人的生命注入活水，不管是提升地方知識普及、或多元化思想的啓發，回想曾偷買「黨外雜誌」的忐忑、或懷抱著少年情懷的「世界名著」猛K，在社會與時俱進的發展下，書店的生命會重生或殞落，它們自然地跟著時代轉動。

在一切來得及之前，夢田文創用影像和文字紀錄台灣的書店風景。《書店裡的影像詩》第二季由導演侯季然繼續掌鏡，再邀請作家楊富閔執筆，透過散文帶領讀者進入書店時空。蘇麗媚認爲，每一年拍四十家書店，不確定這件事多久才能完成？但我們相信一步步堅定的走，沿途必會擁有美麗的風景和豐厚的收穫，有沒有盡頭又何妨呢？

這段旅途，一點一滴地採集了台灣獨立書店的美好風景，本書特別收錄作者楊富閔、導演侯季然以及夢田文創執行長蘇麗媚彼此最眞心、不藏私的對談紀錄。

問——

《書店裡的影像詩》以及《書店本事：在你心中的那些書店》，有怎樣的創作初衷與核心概念？

侯季然：二〇一三年夏天，夢田文創找我拍一系列獨立書店的紀錄片，當時我提議在內容上以書店老闆爲核心，並且不要重複做文字和照片就能做到的事——而是從電影形式的獨特性去著手：保留現場空氣的感覺、人的神態、說話的語氣、光影與聲響的波動。同時，也希望表現手法盡量多樣，讓每一支影片都能反映所紀錄書店的獨特性格。我拿了我二〇〇八年的影像詩作品《使景遷》請夢田文創執行長蘇麗媚和劇本顧問楊照老師參考，《使景遷》是一部實驗性很強的片子，但出乎意料的，他們都很喜歡，也認同這一系列獨立書店紀錄片往這個方

向走。因此我很幸運的在《書店裡的影像詩》的拍攝上有很大的發揮空間，後來這種自由也體現在成品上。

楊富閔：這些年我在全台各地進行講座，一開場常會問：「還記得你生命中的第一家書店在哪裡嗎？」我自己成長在偏鄉大內，小學成績很好，後來到麻豆讀國高中，因著城鄉差距，體驗許多文化衝擊，記得一次國文考試的作文題目：「逛書店」。看到題目當下，眞在心中吶喊：「老師！我家附近沒有書店！」當然我還是鼓起勇氣，硬著頭皮把文章寫完。大概我把書店寫得像鬼屋，作文得到的分數很低。「逛書店」這件事於是成爲我生命中的瘀血，它像在說：「你生命原初的場景缺少了『書店』，你必須自己不斷找尋。」透過這次的寫作計畫，認識了全台灣好多書店，閱讀形形色色的「書」的故事。隱隱約約，好像也是對於當年那個作文題目的應答。我覺得這個連結很有意思，也很有意義。

蘇麗媚：小時候父親常引用畢卡索的名言：「想像力所及都是眞的」，書店對我而言，就是如此！每個人可以在書本裡找到自己的座標，對應在眞實生活裡。

很多人關心，開書店怎麼活下去，但書店老闆在乎的是，怎麼活得好。每間獨立書店，其實是轉譯一種台灣的生活樣貌，那個想像空間特別巨大。創作的初衷與核心的概念，導演在影像的傳達力很誠實，那種誠實不會讓人被制約，不會有侵犯性，你會留下一些自由想像，這是我認爲《書店裡的影像詩》要有的狀態。在尋找《書店本事：在你心中的那些書店》的作者時，我從三十位作家中選擇富閔，我看完他所有的書，像是《花甲男孩》、《解嚴後臺灣囝仔心靈小

史》系列、《休書：我的臺南戶外寫作生活》，發現他的本色很吸引人，而且在情感上很真實、不修飾、不隱藏。

問——創作過程中有遇到什麼挑戰嗎？

楊富閔：寫作《書店本事：在你心中的那些書店》，是一個重要的挑戰。如何認識一家書店，這件事本身就像一篇論文的問題意識；而要把四十家書店寫成一本書，這簡直是一本論文的規模！最大的挑戰也是最大的樂趣：如何把四十家不同的個性書店放在一本書？我希望跳脫地域、時間或主題的方式來分類，而更期待能夠從書店煥發的特色，與其發展的歷史脈絡來做安置。過程中我嘗試把書店故事與區域史、書籍史或文學史並置，因此，一種

較為開放的架構，是我致力思考的。簡單來說，我把它定位為一本文學書，尋找一個適切的語言文體，對我來說非常重要。

我有個很深的感覺：人在田野中會遇見另一個自己，且是一個更好的自己。從做功課、實地訪問、消化構思到形成文章，書寫這些書店故事，是生命和生命的交會撞擊，因此身體心靈的調適非常重要。

侯季然：置身在書店或老闆面前，如何在當下找到影像的可能性？是我最大的享受與挑戰。我非常重視「當下」，拍片這件事永遠都是當下才是眞的。事前做了多少假設、寫多少劇本，都不能變成現場的包袱，完全要看現場的狀況，臨場反應。

我沒有事先設想貫穿四十集的「主軸」，因為每個老闆都不一樣，「抓到每家書店都不一樣的個性」是我的最高指導原則。從拍攝、後製、剪接、配樂都

是用這方式去想這件事，盡量保留每一家書店的個性。拍完四十家書店後，這四十家書店各自性格的共通性自然會跳出來。像是第一季，每位書店老闆都很注重生活當下的細節，每一粒米、每一杯水、每一張紙，都有講究。這並非奢侈，而是認眞。這種對自己誠實，對當下認眞的生活方式，與大多數人的生活很不相同，也需要有更多勇氣去堅持。所以當我在剪第一季的總預告時，便寫了「開書店，是一種敢於不同的生活方式」和「四十家書店，四十種人生」這兩句話，做爲文案。

問——在創作過程中，最令人內心被觸動的經驗是？

侯季然：拍攝當下，我必須很專注觀察現場的變化，隨時應變，常常要到了剪接時，才有時間好好感受那些被捕捉下來的影像。例如，在剪輯台上看第一季「九份樂伯二手書店」的老闆樂伯，沒有了拍攝時的兵荒馬亂，那一幕幕老闆在車水馬龍之間收書的身影，孤獨而專注，讓我深深感動。

楊富閔：每間書店都讓我感動不已，而離島行尤其難忘，譬如金門的「長春書店」。出發之前，特地找出店主陳長慶老師的第一篇文章，幾十年前發表在《正氣中華》，當時他用了筆名「舒舒」。當我把那篇文章快遞到他的面前：「這干係你？」他非常感動，與年輕的自己重逢。我們都很開心。

屏東的「博克書局」也讓人難忘。記得那天狂風暴雨，老闆林常中先生車我去看這間已經功臣身退的書店。我記得他說：「這裡最初是一塊荒蕪的空地，只有兩棵檳榔樹，我在這裡蓋起博克。」老闆也說：「現在每天還是會經過這個地方。」聽了讓人感動得不知所措。

侯季然：「博克書局」原本不在預定的拍攝名單，是拍攝期中有天在報紙上讀到他們即將停業的新聞，之後馬上著手聯絡，決定拍攝。去拍之前我只有一個想法：要凝視「最後一天的書店」。

拍攝當天店裡擠滿了人，看得出來書店與當地鄰里關係很親近，從下午到晚上人潮都沒有停過，老闆也都沒有休息。每位來買書的人都是老顧客，他們向老闆道謝，說著「從小在這裡買書的」、「你看我小孩現在這麼大了」，老闆也笑著回「哦妹妹長這麼大了……」他們是因爲書店而累積了這樣的友誼，我們的鏡頭也一直凝視著老闆的臉，記錄下老闆跟每個人說話的畫面。

我們一路拍到晚上十一、十二點，最後老闆夫婦兩人把書店收好、拉下鐵門，熄滅了書店的燈。在那個屏東市晚上很暗很黑的街道，他們走出書店，呆站了一陣，然後騎著摩托車離開。很難想像在那樣無人知曉的時刻，我能目睹這個場面，那是會留在心裡很久很久的畫面。

問——人生中的第一間書店是什麼樣貌？

侯季然：我在台北東區長大，從小，家附近就有些大書店，像是久大書局、新學友書局之類的，但回想起來，最有畫面的一家書店反而是一間藥房。從公車站牌走回家的一條巷子裡有家藥房，裡面會賣一些書，有很多是香港的武俠漫畫。從放學到回家之間的短暫時光，我會背著書包站在藥櫃前把當期的漫畫翻完。印象中那家藥房就是暗暗的，我總在那邊看完了

書再走回家，回家的那段路上內心充滿各種武俠場景，幻想自己是劍俠、劍聖。許多年後回想起來，卻想不起老闆的臉，因爲他是這麼的溫柔，讓一個小孩每天站在那邊白看漫畫，從來沒有阻止過。這家藥房可能稱不上書店，但對我而言，卻是我人生中第一家有溫度的書店。

楊富閔：小時候，老家附近的菜場，旁邊有間賣大家樂的文具鋪，它是間鐵皮屋，五點就開了，因爲要送報紙。中午放學，我一個人顧家，常常午後獨自跑到文具鋪打發時間、買一張一塊錢的白色圖畫紙，整個下午在客廳裡畫畫，畫丘陵、果樹、農舍，非常安靜，乖乖地等母親四點下班，但母親幾乎天天加班。文具鋪在我的記憶中是構成山村景色的部份，文具鋪也是我打發童年時光的去處，因爲總是一個人，我把「整間文具鋪」當成玩伴朋友，它很義氣、永永遠遠在山村等候著我。

蘇麗媚：導演說的藥房老闆、富閔形容的文具鋪，是當時台灣很重要的「日常」，一個在台北東區長大、一個在山村偏鄉長大，本色是一樣的，他們保有台灣原生的謙虛良善，包容很多東西。你會發現，對書店或書本的第一印象，會回到最美好的那個年代，不是最富裕，但會最滿足。

問——獨立書店存在的特質是什麼？

侯季然：獨立書店的存在，表示社會可以容納不同於主流的生活方式，這些小書店體現出社會的包容性。大家都說台灣是華人世界思想最自由的地方，這種說法是老生常談，但的確是我在拍這些書店時，不斷感受到的事情。有些書店可以用不那麼商業、不那麼大眾可想像的方式存在；可以做自己，可以挑選顧

客；也可以化身社會運動基地，推動改革。你會感受到這其中的自由和開放，有一點挑釁、有一點挑戰，是很值得珍惜的存在。

蘇麗媚：「你可以這樣選擇他。」人是先存在，再找本質，書店剛好相反，先有本質，創造出來後就變存在。像是在「提醒」，人可以選你要什麼本質，因爲這些獨立書店，提醒你可以做怎樣的選擇。

侯季然：時代、社會在流動，科技、思想與時俱進，是不是要用保護瀕臨絕種動物的方式去保存書店呢？我沒有這麼絕對。每天都有書被出版，有書被銷毀，人是活的，書店也是活的，有它自己的生命與際遇。也許有一天它會消失，這也是自然的一部分。重要的是此時此刻，我們走進這些書店，買書，讀書，並從書店老闆身上看到屬

於這個時代的寶藏，這是我們當下可以把握的。

蘇麗媚：《書店裡的影像詩》第一季裡「古今書廊」的老闆夫婦說：「拿著那本書、聞著那個味道，你不覺得書香裡有木頭的原味，或許下個世代都不知道什麼叫做『書』了，也許他們認爲書，就是網路上看到的樣子。」這就是那個當下的感受，每個時代有他的命運。

楊富閔：當代書店存在的各種方式，其實就是當下我們如何與文字/文學/文化/文明共存的特殊狀態。一間書店的消失，失去的不僅是內容物，其精神、理念、歷史與人的故事，同樣面臨改變。我希望我們多多走入田野，從雲端世界回到草地所在。我期待更多書店出現，那意味我們對於文字、文學、生活，乃至於「美」的想像，越來越活潑；同時也極具傳承、延續的使命感。我覺得眼下書店的遍地

開花，象徵我們這個時代正在尋找新語言，它的發展令人期待。

蘇麗媚：獨立書店是一個空間，有很多東西在流動，時間、世代、知識、社會，當你進到那個空間，就會打開感知力，人跟人的信任感也會提高。

問——文學是思想的重要啟發，您們的閱讀經驗如何？

楊富閔：每當被問到啓蒙書，都會掙扎要不要講一些世界文學經典名著，好像聽起來比較厲害？但我還是會說，其實是第四台，也就是電視。每天看電視從一轉到九十九台，是我們這一代孩子去組構、認識世界的方式。小時候，我們家的書大多都是日常用書，比如說農民曆、電話簿，連通俗讀物都很少。有段時

間非常焦慮，是不是要花很多時間補回來缺少的那塊呢？現在回想起來，那個缺少就是我擁有的。

以前爸爸給我一本書，是用漫畫圖說林默娘的一生，介紹全台灣各地的媽祖，很酷。還有本書叫《玫瑰之夜》，是電視節目出的同名書籍，集結來賓講的鬼故事，前面還有靈異照片，嚇得我把家裡所有出遊合照都拿來檢查一遍。那些讀物不像是學院內的知識性的讀物，卻刺激我去思考原來一本書可以這樣製作。從電視到文字、從說話到故事、從影音到文字，原來文學還有許多可能。我覺得在逛書店的過程中，得以看到書的各種存在狀態，我們不妨嘗試對它進行一個脈性的閱讀：它從哪裡來？刻正在哪裡？將往何處去？一定很有趣。

侯季然：小學六年級第一次看朱天心的《擊壤歌》，當時眞的很著迷，大概有至少兩年的時間，睡前都要拿出來看一段再睡。那是第一次整個人掉到文字的世界裡，強烈感受到文字帶來的情感波動。那也是我第一次發現文字原來可以這麼親密，是一個很難忘的經驗。

蘇麗媚：掉到文字裡面突然認識那個龐大的思想世界，自我的感知力一下打開，那個驚喜又有時困頓的狀態，很多人一生都沒辦法理解，沒辦法擁有經過這件事。

楊富閔：補充一個閱讀的啓蒙。小時候家裡許多學校校刊，是我大哥的。有很多學生作品刊在上面。這次去宜蘭的「旅二手概念書店」，就有一個專區在擺校刊，這是我們容易忽略、卻很有意思的東西。

學校幾乎都有校刊，裡面保存不同年代的少男少女，眼中的風花雪月、心情點滴，呈現著他們看世界的方法與角度。換句話說，那也是某個世代青年的想像總和。當時流行講什麼話、看什麼書與聽什麼歌，大家的肢體語言與面目表情，全被校刊記載了下來，這東西其實值得研究！我後來蒐集許多校刊，發現不論年紀如何，我們總是在努力尋找自己的說話方式，校刊就成了這一行動的集體紀錄，讓我們得以回頭看到一個時代的精神樣貌。如果有人偶然遇到曾經參與的校刊、撞見年輕的自己出現在上面，那多有趣！我自己也是吃校刊長大的，而且每個文藝青年，好像都當過校刊社幹部。（轉頭問侯導：「你有嗎？」侯導：「有。」眾人大笑）

侯季然：聽富閔剛才說的這些，讓我想到很多。以前我們家斜對面有個公車票亭，會在外面吊著很多雜誌，我因爲舅舅跟那個老闆熟，都會借雜誌來看，因爲這樣我當時看了很多黨外雜誌。那時候有

《獨家報導》、《翡翠周刊》、《姊妹》雜誌，我也看中國童話、金庸小說等等，在我讀《擊壤歌》之前都是被這些文字中繪聲繪影的戲劇性給吸引。

《擊壤歌》讓我第一次注意到一些不是這麼戲劇化的事情，它去描寫黃昏天空的顏色、路邊的一朵花、與同學間的吃的麵包、紅磚路被雨打到的聲音……給了我很新鮮、新奇的感覺。它可能不是開啓，而是「指認」了某種東西。因爲它都在講一些好小好小的事，這些都發生在生活中，只是我沒有珍視它們，原來那些不那麼戲劇化的事情是那麼珍貴。那是一個「被指認」的過程。我的感受被指認了，我抬頭看黃昏天色的感覺被指認了，轉學時，對不再見面的同學的不捨被指認了，搬家後，走另一條路回家而惆悵的感覺被指認了。

就像我現在拍小書店，它就是在我們生活周遭，不是在遙遠的地方，這些書店老闆所關心的也就是很切身的事情，這些切身的事情是如此重要、珍貴，這麼值得我們去關心。

蘇麗媚：每天存在於生活中的日常美好，反而最不容易被感受到。五年來，夢田文創透過影像、文字轉譯「獨立書店」，我們要去認證和提醒我們本來就有的。記得有一年過年期間，我在電視台的辦公室裡，秘書提了兩隻雞來到我面前，說是曾經採訪過的一位農夫想送我的，兩隻雞被倒過來，用紅色的塑膠繩把腳背綁在一起，還一直咕咕咕的叫，我的印象很深刻，這是很日常的東西，這東西叫「人情」。

問——

接下來有什麼計畫？

侯季然：讀書。之前去拍攝時，在每家書店都會買幾本書，現在都堆在工作室裡，希望交片後可以好好來把這些書讀完。

楊富閔：我會稍作沉澱，然後持續創作，完成正在撰寫的小說集。

蘇麗媚：台灣的知識平權很重要，城鄉資源分配仍然不均。夢田文創現在正著手準備「送閱讀回鄉計畫」。我們盤點台灣三六九個鄉鎮，其中有二四八個鄉鎮沒有書店，我們依照區域大小人口比例規劃，最少還要在九十個點落實書店，因此我們初步的構想是每一個點找一位當地出身的成功企業家認養，搭配一位青年返鄉開書店，扮演一個連結知識資源的 hub，希望有一天能將每一盞微小的光凝聚起來，這將會是一股巨大的力量。

書店本事：在你心中的那些書店

策劃製作　夢田文創
作　　者　楊富閔
照片提供　夢田文創／書店裡的影像詩
總 編 輯　翁子麒
主　　編　沈嘉悅
文字編輯　陳大中
行　　銷　SOSreader
出版公司　新銳數位股份有限公司
地　　址　台北市信義區光復南路 133 號 閱樂書店
電　　話　(02) 2749-1161
建議售價　新台幣 360 元
初版一刷　2016 年 10 月

國家圖書館出版品預行編目 (CIP) 資料

書店本事：在你心中的那些書店 / 楊富閔著 . -- 初版 . -- 臺北市：
新銳數位 , 2016.08
272 面 ; 17 X 23 公分
ISBN 978-986-93464-0-5(平裝)

1. 書業 2. 文集 3. 臺灣

487.633　105013679